应急设施的可靠性选址与评估

张　敏　著

中国财富出版社

图书在版编目（CIP）数据

应急设施的可靠性选址与评估／张敏著．—北京：中国财富出版社，2018.1
ISBN 978-7-5047-5090-7

Ⅰ.①应…　Ⅱ.①张…　Ⅲ.①紧急避难—公共场所—可靠性—选址②紧急避难—公共场所—可靠性—评估　Ⅳ.①TU984.199

中国版本图书馆CIP数据核字（2018）第019408号

策划编辑	颜学静	责任编辑	颜学静		
责任印制	石　雷	责任校对	孙丽丽	责任发行	敬　东

出版发行　中国财富出版社
社　　址　北京市丰台区南四环西路188号5区20楼　　邮政编码　100070
电　　话　010-52227588转2048/2028（发行部）　010-52227588转307（总编室）
　　　　　010-68589540（读者服务部）　010-52227588转305（质检部）
网　　址　http://www.cfpress.com.cn
经　　销　新华书店
印　　刷　北京九州迅驰传媒文化有限公司
书　　号　ISBN 978-7-5047-5090-7/TU·0052
开　　本　710mm×1000mm　1/16　　版　　次　2018年2月第1版
印　　张　10.75　　印　　次　2018年2月第1次印刷
字　　数　150千字　　定　　价　46.00元

前 言

近年来非常规突发事件频发，如2008年汶川地震、2010年玉树地震、2011年日本海啸、2016年福建“莫兰蒂”台风等。突发事件的频发造成巨大的人员伤亡和财产损失，因此应急管理越来越引起广泛的关注，成为研究热点。应急资源配置与布局、配送与调度的有效性，在很大程度上影响应急处置的效率，应急资源是制约非常规突发事件有效应对的重要影响因素，是应急处置过程中开展一系列活动的基础。应急资源布局是长期战略性问题，特别是应急资源选址一旦完成，短时间内无法改变，需要重点研究。

在大规模突发自然灾害中，应急物流系统常常因灾害损毁而受到重大影响，从而使应急物资保障能力急剧下降。针对应急物流系统中可能设施失效情况下的应急资源选址问题的研究，对提高应急物流网络可靠性具有重要意义。本书将应急资源选址作为网络的一类节点，构建应急物流网络。探讨基于设施失效情景的应急资源的可靠性选址及选址方案评估问题，主要工作成果如下。

第一，基于失效情景的应急设施布局问题。针对非常规突发事件的应急管理具有“情景依赖性”的特点，本书从所构建的应急物流网络的角度，通过对应急资源保障系统中引发应急设施失效的原因进行分析，将应急设施失效情景分为两类：节点失效情景和关键交通路段失效情景，并分别给出具体定义，从而给出考虑应急设施失效情景的应急资源选址可靠性概念。已有的设施失效情景下应急资源选址问题研究文献一般只考虑节点失效情景，本书考虑了信息部分缺失条件下的节点失效情景和关键交通路段失效情景的应急资源选址以及选址评估问题。

对信息部分缺失条件下的节点失效情景，基于最坏情景运用鲁棒优化的思想，分别建立了信息部分缺失条件下的最小费用随机选址模型、最大覆盖随机选址模型。由于所建模型都是双层规划模型，本书通过对模型解上下界的确定，降低模型的求解难度。算例说明基于最坏节点失效情景的应急资源选址模型可提高系统的可靠性。

第二，为进一步验证应急资源可靠性选址的合理性，对不合理选址进行方案调整，研究了基于设施失效情景的应急资源选址方案评估问题。通过对评估方法的综合分析，结合应急资源选址问题一般涉及投入和产出的多个指标的测度，本书选取处理多输入/多输出问题具有优势的方法——数据包络法，通过应急资源对需求区域的物资保障程度，对应急资源选址的合理性进行评估。通过定义具体描述对需求区域的物资保障程度的全局性、时效性、均衡性、可靠性、经济性等指标，设计了评估目标不同的一般情景评估指标体系、设施失效情景评估指标体系，以及多区域情景评估指标体系，采用能较好反映费效比评估思想的数据法，针对第 3 章中的应急资源选址结果进行合理性评估，进一步验证基于设施失效情景的应急资源选址的合理性。

第三，中央储备库选址合理性评估。对关键交通路段失效情景下的应急资源选址问题，考虑到我国中央储备库在应急物资中的重要保障作用，针对现有中央储备库在应急资源保障过程中暴露出来的问题，研究了部分关键交通路段失效情景下的新增中央储备库选址合理性评估问题。本书对新增中央储备库不同的选址方案，采用数据包络法，使用上述多区域情景评估指标体系进行选址合理性评估，验证了上述方法的有效性。

第四，对本书工作进行总结，并对未来相关研究进行展望。

本书的编写和出版，中国科学院黄钧教授给予了许多建设性意见。本书的编写参考了大量的文献，在此表示诚挚的感谢。由于作者水平有限，书中难免有不妥之处，恳请广大读者批评指正。

作　者

2017 年 9 月 10 日

目　录

1　绪　论 …………………………………………………………… 1

1.1　研究背景 ………………………………………………………… 1

1.2　应急资源布局面临的问题 ……………………………………… 5

1.3　研究目的和意义 ………………………………………………… 8

1.4　主要内容和创新点 ……………………………………………… 10

2　可靠性应急资源选址问题文献综述 ………………………… 14

2.1　传统选址问题 …………………………………………………… 14

2.2　网络可靠性设计 ………………………………………………… 20

2.3　可靠性设施选址问题 …………………………………………… 22

2.4　应急物流网络可靠性设计 ……………………………………… 30

3　基于节点失效情景的应急资源的可靠性选址问题 ………… 37

3.1　基于最坏节点失效情景的最小费用选址模型 ………………… 38

3.2　基于最坏节点失效情景的最大覆盖选址模型 ………………… 45

3.3　算例应用 ………………………………………………………… 50

3.4　小结 ……………………………………………………………… 59

4　基于设施失效情景的应急资源选址 DEA 评估 …………………… 61
4.1　应急资源选址评估方法选取 …………………………………… 63
4.2　采用DEA方法评估应急资源选址的指标体系设计 ………………… 70
4.3　基于设施失效情景的应急资源选址评估算例 …………………… 75
4.4　小结 ………………………………………………………………… 80

5　基于关键交通路段失效情景的中央储备库选址评估 ……………… 82
5.1　问题提出 …………………………………………………………… 82
5.2　基于关键交通路段失效情景的中央储备库选址评估………………… 86
5.3　小结 ………………………………………………………………… 96

6　总结与展望 ……………………………………………………………… 98
6.1　本书主要研究结论 …………………………………………………… 98
6.2　未来研究工作展望 ………………………………………………… 100

参考文献 ………………………………………………………………… 102

附录一　国家综合防灾减灾规划（2016—2020年） ………………… 116

附录二　北京市"十三五"时期应急体系发展规划 ………………… 131

1 绪 论

1.1 研究背景

随着人类认识世界和掌控自然能力的不断提高，人与自然、人与社会组织、人与人之间的竞争和矛盾冲突不断加剧，在认识改造世界的过程中，也给自然造成破坏，使非常规突发事件频发。如2001年美国“9·11”恐怖袭击，2003年“SARS”（传染性非典型肺炎）事件，2004年印度洋地震海啸，2005年美国“卡特里娜”飓风，2011年日本海啸等。非常规突发事件的频发造成了巨大的人员伤亡和严重的经济损失，这使应急管理的研究势在必行。

我国人口众多，地理环境复杂，各种自然灾害如地震、洪灾、泥石流等时有发生，每年因突发事件造成的损失惊人。资料显示：2003年，我国因生产事故损失2500亿元、各种自然灾害损失1500亿元、交通事故损失2000亿元、卫生和传染病突发事件损失500亿元，共计达6500亿元，约相当于当年我国GDP的6%。2008年5月12日汶川地震，是新中国成立以来破坏性最强、波及范围最广、救灾难度最大的一次地震，截至2008年7月31日12时，汶川地震已确认69207人遇难，374216人受伤，18194人失踪；2010年4月14日青海省玉树县地震，震中震后发生余震上千次，其中最大一次为6.3级，截至2010年4

月 29 日，地震导致 2220 人遇难，失踪 70 人，伤病 12146 人，其中重伤 1434 人。因此，各种自然灾害已经成为制约国民经济持续稳定发展的主要因素之一，这也使我国应急管理的研究成为必要。

第一个应急管理国际组织——国际应急管理学会（The International Emergency Management Society，TIEMS）于 1993 年在华盛顿成立，至此之后，应急管理的研究逐渐发展起来，近年来随着非常规突发事件在我国频繁发生，应急管理在我国也得到了越来越多的重视。我国的应急管理得到突出的发展开始于 2003 年，“SARS”疫情后，国家认识到建立快速有效的应急反应机制的重要性，提高对突发事件应对工作的重视，国务院提出加快突发事件应急机制建设的要求。2005 年，国家级的应急管理办公室成立；2006 年，国务院发布《国家突发公共事件总体应急预案》；2007 年，国家颁布实施《中华人民共和国突发事件应对法》，党的十七大又进一步指出要完善突发事件应急管理机制。2016 年国家制定的《国家综合防灾减灾规划“十三五”规划》和各省市制定的规划如《北京市“十三五”时期应急体系发展规划》都对我国“十三五”期间的应急体制建设和应急响应能力提出了更高的要求。总之，我国应急管理体系建设的核心内容可简要概括为应急预案，应急管理体制、机制和法制，简称为“一案三制”。自此以后，应急管理在我国得到较好发展，2009 年对肆虐全球的甲型“H1N1”流感的成功应对，验证了我国应急管理发展的成果。

另外，应急管理的理论研究也取得巨大的成绩。国内外各界学者纷纷投入应急管理的研究。我国高校和一些研究机构相继组建应急管理研究机构，如 2011 年 4 月 19 日中国科学院研究生院应急管理研究中心成立，2010 年 5 月 22 日河南理工大学成立应急管理学院，2009 年 4 月 24 日暨南大学成立应急管理学院，对突发事件进行机理分析，对应急预案体系、模拟仿真、应急资源决策分析、灾害预警与检测等许多问题展开研究，出现了大批相关优秀论文。

总而言之，应急管理相关制度和应急管理相关理论研究取得不错的成绩。

但是我国应急管理起步较晚，从非典疫情到禽流感，从开县井喷到北京密云游园踩踏事件，从吉林中百商厦特大火灾到阜阳劣质奶粉，从东航包头空难到辽宁孙家湾特大矿难……这些突发公共事件及处理，暴露出我国应急管理存在的诸多问题。首先，缺少处理重大突发事件的基本法律。虽然此前我国已经颁布了一系列与处理突发事件有关的法律、法规，例如应对骚乱的《戒严法》，应对自然灾害的《防震减灾法》《防洪法》等，应对安全生产事故的《安全生产法》等，应对公共卫生的《传染病防治法》等，但仅仅是针对不同类型的突发事件分别立法，相对分散、不够统一，难免出现法律规范之间的冲突。其次，信息管理系统落后。信息管理系统对突发事件的处理起着非常重要的作用。一是为决策者提供及时和准确的信息；二是为民众传递适当的信息，避免民众情绪失控，促进民众沟通。目前，我国发生灾害及各类突发事件时，都是以部门为单位逐级汇报，缺乏快捷、有效的沟通渠道，可以说，最大的问题在于信息分散和部门垄断，无法在危难时刻统一调集，迅速汇总。最后，我国公共服务体系薄弱，很难应对公共突发事件的冲击。所以我国应急管理还有很长的道路要走，对应急管理的研究依然任重道远。

应急管理是一个涉及多因素、多方面的庞大体系，包括应急准备、应急响应、恢复重建、预防/减灾，其中应急准备是应急管理当中的核心内容，是支撑应急全过程的基础性行动，包括：应急预案、组织结构、应急资源、持续培训、情景演练、评估与改进等。其中，应急资源是应急管理工作的物资基础，是应急准备当中的重要组成部分。广义的应急资源包括防灾、救灾、恢复等环节所需要的各种应急保障。《国家突发公共事件总体应急预案》将应急保障分为人力资源、财力保障、物资保障、交通运输、医疗卫生及通信保障等；狭义的应急资源仅指灾害管理所需要的各种物资保障。

应急资源在应急管理中不可缺少。当发生非常规突发事件时，应急资源贯穿于应急的整个过程，如人力、财力、物资的储备、运输、调度，应急物资的分类和储备管理，应急设备的购置等。应急资源布局问题是应急管理系统中的一个关键决策问题，主要包括应急资源的选址和配置两个部分，即在给定地点中选取若干地址，并配置合适的应急资源，当发生突发事件后，在初期营救阶段，最大化物资保障程度。它影响到灾害发生时物资调度系统的快速执行与高效实施，对于减轻灾害发生的影响起到非常关键的作用。因此，为了更加高效地应对非常规突发事件，确保人民生命和财产安全，有必要研究应急资源布局问题。

应急资源布局决定着突发事件发生后能否及时提供应急所需的各种资源，是处置突发公共事件成败的关键。2009 年 2 月 20 日，中国国家自然科学基金委员会（NSFC）发布了两项重大研究计划，其中一项是《非常规突发事件应急管理研究》，非常规突发事件应对的资源保障体系设计和资源协调优化模型就是其中一个重要研究内容。对应急资源布局展开研究，有助于提高应对突发事件的科技水平，有助于提高应急能力，对应急管理的研究具有非常重要的意义。

评估为了决策，而决策需要评估，资源布局本身就是一个评估的过程，资源布局的目标就是评估的目标。应急资源布局的重要性决定了应急资源布局评估问题的重要性。通过评估已有应急资源布局能力，给出布局调整方案，提高应急保障程度。非常规突发事件具有发生异常突然、扩展迅速、高度不确定性、先兆不明显、预测非常困难、用常规方法很难处置、危害严重等特点，所以突发事件具有“情景依赖”性，对非常规突发事件的应急管理，正在发生从“预测—应对”到“情景—应对”的重大演变，所以研究应急资源布局以及布局评估要基于“情景”研究。

1.2　应急资源布局面临的问题

应急管理中的主体是处理突发事件的人员、组织和机构，客体是处置对象，即各类突发事件，应急管理和突发事件紧密联系。

从狭义上讲，突发事件是指在一定区域内突然发生的，规模较大且对社会产生负面影响的，对生命和财产构成严重威胁的事件和灾难。从广义上讲，突发事件是指在组织或者个人原订计划之外或者在其认识范围之外突然发生的，对其利益具有损伤性或潜在危害性的一切事件。根据《中华人民共和国突发事件应对法》的规定，突发事件是指突然发生，造成或者可能造成严重社会危害，需要采取应急处置措施予以应对的自然灾害、事故灾难、公共卫生事件和社会安全事件。

（1）自然灾害：指那些由于自然原因导致的突发事件。如地震、龙卷风、海啸、洪水、暴风雪、酷热和寒冷、干旱或昆虫侵袭等。

（2）事故灾难：主要由人为原因造成的紧急事件，包括由人类活动或发展导致的计划之外的事件或事故。如化学品泄漏、核泄漏、设备故障、车祸、城市火灾等。

（3）公共卫生事件：主要由病菌病毒引起的大面积疾病流行等事件。如非典疫情、霍乱、多人食物中毒等。

（4）社会安全事件：主要由民众主观意愿产生，会危及社会安全的突发事件。如能源和材料短缺导致的紧急事件，暴乱、游行引起的社会动荡，恐怖活动、战争等一些事件。

各类突发事件按照其性质、严重程度、可控性和影响范围等因素，一般分为四级：Ⅰ级（特别重大）、Ⅱ级（重大）、Ⅲ级（较大）和Ⅳ级（一般）。近年来发生了一系列突发事件，其中很多都是非常规突发事件。通过分析这些非常规突发事件，总结出非常规突发事件的几个重要特点如下。

(1) 不确定程度高。非常规突发事件如突发自然灾害、社会安全事件等，不确定性主要表现为发生的时间、地点、规模、性质可能出乎意料之外，人们无法有效掌握这类重大突发事件的演化规律，从而难以做出准确的预测。发生的时间、地点往往不确定，并且表现出低概率、高损失的特点。任何一个非常规突发事件，都是某个复杂系统中多种危险因素共同作用的结果，例如，地震灾害是由大陆板块之间的碰撞、挤压，长期积累起来的能量急剧释放出来，以波的形式向外传播出去而引发了大地震动。任何地震都不能够准确地进行提前预报并且无法采取措施阻止其发生。不过，借助已有科学数据，可以计算出某个地区发生地震的可能性，这也为我们研究这一类突发事件提供了比较好的基础。

(2) 规模大、损失严重。非常规突发事件的规模都比较大。无论是自然灾害，还是人为事故，由于事先不可能采取有效的预防措施，一旦发生，波及面必然很广，影响巨大，人员及相应的物资不能及时撤退，即使是采取应急救援措施时，也会由于调度不合理，救援效率低等而拖延救援时间，从而造成巨大的人员伤亡和经济损失。每一次大规模突发事件都是一次惨痛的教训，都要付出生命的代价。

(3) 次生灾害频繁。非常规突发事件常常形成一系列危害事件链，采用常规应对方式难以处置。人类生存的社会本身是一个复杂的系统，各种社会功能相互耦合，变得越来越相互连接和相互依赖，一旦其中一部分发生变化，其他部分便不可避免地受到波及。大规模突发事件后，都会引发各种次生灾害。例如，2004 年东南亚地震引起的海啸使几十万人失去生命；“5·12”汶川地震后，发生了一系列衍生灾害，余震几次使修复的公路垮塌，加剧了灾情，地震引发山体滑坡并堵塞河道形成 34 处堰塞湖；2011 年 3 月 11 日，日本 9.0 级强地震更引发了海啸、核电站泄漏等一系列次生灾害，造成严重破坏，危及人类生命安全。

非常规突发事件的这些特点使我们认识到，为了有效应对突发事件，必然要建设完善的应急响应机制。应急资源管理贯穿于整个应急管理的全过程，而应急资源布局作为应急资源管理的第一个环节，处于非常重要的地位。

目前，我国在沈阳、哈尔滨、合肥、成都、天津、武汉、长沙、郑州、南宁、西安、昆明、乌鲁木齐 12 个城市设立了中央级救灾物资储备库，以应对各种自然灾害，并且在一些多灾易灾地区建立了地方救灾物资储备库。已经有 31 个省、自治区、直辖市和新疆建设兵团建立了省级救灾应急物资储备库；251 个地市建立了地级储备库，占所有地市的 75.3%；1079 个县建立了县级储备库，占所有县市的 37.7%。例如，宁夏自治区共有县级以上救灾物资储备库 29 个，其中，自治区级储备库 2 个，市级储备库 5 个，县级储备库 22 个，储备库面积达 7000 多平方米。随着中央和地方各级人民政府不断加大抗灾救灾投入力度，国家的救灾能力不断加强，救灾体系不断得到完善。

但是，在历次突发事件应对过程中，也暴露出一些问题。2008 年年初的低温雨雪冰冻灾害发生时，由于融雪剂、除冰机等不足，造成很大的经济损失；在 2008 年 5 月 12 日汶川地震发生时，应急物资储备不足，412 小时之内中央救灾储备库的帐篷就被全部调空，而整个灾区帐篷缺口还在 80 万顶以上。

因此，我国应急资源布局还存在如下问题。

（1）应急资源布局系统比较脆弱，布局结构不够合理，标准化程度比较低。一旦发生灾害，现有的资源布局结构不能够保证救援的快速和有效性。

（2）现有的资源布局一般以人为的主观决策倾向进行判别，选址方式多从宏观方面考虑，在进行大规模非常规突发事件的应急资源布局时，缺乏量化方式，特别是缺乏立足于战略和规划方面的考虑。据了解，在进行实际应急资源储备中心的布局时，首先会根据人口密度、灾害发生的情况、交通运输条件、周边环境等确定合理的地址，其次根据实际情况确定大体的保障水平，最后再根据投入情况粗略地进行资源的配置。

(3) 应急物流中的应急资源布局面对的不确定性程度非常高，无论是突发事件发生前，还是突发事件发生后，都要面临许多不确定性的信息，如供应方的应急物资供应量，灾区对应急物资的需求量，灾情的破坏程度等。这些信息来自四面八方、各种渠道，其中必然会有重复或者错误情况发生。分析各种突发事件中面临的不确定信息，是在应急资源布局问题中要着重考虑的问题。

(4) 考虑到突发事件具有突发性和低频率特点，很难在短时间内获得相关完整信息。与广义的应急资源布局问题相比，针对突发事件的应急资源布局需要考虑其发生机理，并寻找合适的建模工具，从而为应急管理部门提供有力的决策支持和参考。

1.3 研究目的和意义

目前，我国正处在各类突发事件发生的高峰期，而且在未来很长一段时间内，我国的应急管理都将面临突发事件所带来的严峻考验。从自然角度分析，我国灾害种类多、发生频繁、损失严重。我国有70%以上的大城市，以及半数以上的人口、75%以上的工农业生产值所在地分布在气象、海洋、洪水、地震等灾害严重的沿海及东部地区。从事故灾难角度分析，我国安全生产形势严峻，安全事故频发。从公共卫生事件角度分析，食品卫生、职业卫生等公共卫生形势依然严峻。从社会角度分析，我国目前正处在经济社会发展的关键阶段，既是关键发展期，又是矛盾凸显期。人民内部出现一些值得重视的新问题，如果处置失当，有可能会出现社会危机。此外，国际政治经济格局的最新变化也使国际间的冲突和危机出现新的特点。

人们期望通过对应急管理相关领域的研究，有效应对突发事件特别是大规模非常规突发事件，降低由于灾害造成的人民生命和财产损失。这为应急管理的研究提出了更高要求。

应急资源研究是应急管理当中一个重要环节，应急资源的配置与布局、配送与调度的有效性，在很大程度上影响应急处置的效率，因此，应急资源是制约非常规突发事件应对有效性的重要影响因素，是进行应急管理各项事务的基础和前提。应急资源布局问题是战略性问题，一旦选址布局确定，短时间内很难改变。所以应急资源布局问题在应急管理当中的重要地位以及其自身特点，决定了应急资源布局问题的研究价值。

传统应急资源选址问题研究已经取得丰硕的成果，但是其并未考虑设施失效。在大规模的突发灾害中，如自然灾害、恐怖袭击，由应急资源作为节点构建的应急物流网络系统会由于损毁而遭受巨大影响。近年来，各种非常规突发事件频发，设施失效的例子数不胜数，例如2001—2002年爆发于美国的炭疽热造成邮政系统设施失效；2003年全球肆虐的SARS疫情造成医院失效；战时由于敌方破坏导致军事配送网络设施失效；以及由于系统拥堵，设施无法满足用户需求，则相对于该用户认为设施失效，如医院的急诊室、加油站、救护车、消防站、巡逻警车、ATM机在用户需要时繁忙，用户离开就近选择满足其需求的其他设施；2005年美国“卡特里娜”飓风，给美国南部的通信网造成了历史上最严重的损失，300万人的电话中断，1000个铁塔被摧毁。因此，不考虑设施失效的选址问题研究不能全面反映实际情况，从而不能完全有效解决费用和需求优化问题。因此，可靠性应急资源选址问题越来越得到广泛的关注。目前关于可靠性选址的研究还不全面，应用也不是很广泛，所以该问题需要进一步研究。

应急资源选址时考虑设施失效，可以提高系统的可靠性，但同时增加了问题的复杂性，为了使选址更具合理性，需要对选址进行评估。突发事件应急能力评估是应急管理工作的基础，应急能力评估可以提供一个通用的准则，以识别应急管理工作中较为满意和需要改进之处，不断提高预防和处置突发事件的能力。应急能力评估是对人力、组织机构、手段和资源等应急因素的完备性、协调性以及最大限度减轻灾害损失的综合能力的评估。

本书研究基于失效情景的应急资源的可靠性选址问题，为了验证应急资源选址的合理性，对其进行合理性评估，本书选取应急资源选址评估方法，建立了评估的指标体系，最后将评估方法运用于中央储备库的评估，验证评估方法的有效性。

1.4 主要内容和创新点

1.4.1 主要内容

本书采用鲁棒优化思想和情景分析的方法，研究基于失效情景的应急资源选址和选址评估问题。文章分别对节点设施失效情景和关键交通路段失效情景进行了描述，指出进行应急资源选址时必须基于失效情景。而为了选址更加合理，需要对选址进行评估，所以研究应急资源选址评估问题，选取具有多输入/多输出特点的数据包络评估方法，给出应急设施评估的指标体系，验证了基于失效情景的选址方案合理性。最后采用数据包络法评估新增中央储备库选址方法，给出评估结果。

第1章，绪论。通过分析应急资源布局特点以及我国应急资源布局的现状，引出本书要研究的内容：基于设施失效情景的应急资源的可靠性选址以及选址评估问题。阐述了本书的研究目的、研究意义、研究内容、研究方法，各章节的主要内容，以及本书研究的创新点。

第2章，在突发的大规模自然灾害中，应急物流系统常常会因灾害损毁而受到重大影响，从而使应急物资的保障能力急剧下降。应急物流系统中设施失效情况下的应急资源选址对提高应急物流网络可靠性具有重要意义，根据应急管理研究具有“情景依赖性”特点，通过对应急资源保障系统中引发应急设施失效的原因进行分析，定义了两类设施失效情景：节点失效情景和关键交通路段失效情景，并给出应急资源选址的可靠性概念。已有的考虑设施失效的可靠性选址问题的研究还不完善，故还需要进一步研究。本书研究基于设施失效情景的应急资源可靠性选址以及选址评估问题。

第3章，在最坏节点设施失效情景下，运用鲁棒优化思想，研究应急资源的可靠性选址问题。针对非常规突发事件的不确定特点，在信息部分缺失时，设施失效数目确定和设施数目不确定两种情况下，分别建立以最小费用为目标和最大覆盖需求为目标的随机双层应急资源的可靠性选址模型。由于所建模型都是双层规划，通过模型解的上下界的确定，降低求解难度。最终通过算例说明所建模型增强了系统的可靠性，更具合理性。

第4章，基于关键交通路段失效情景的应急资源选址合理性评估。首先分析总结定性与定量相结合的评估方法，根据应急资源选址需要考虑多个因素，具有多输入/多输出的特点，选取在处理多输入/多输出问题具有优势的评估方法——数据包络法；其次针对应急资源选址的目的和影响因素，设计了用于评估应急资源选址合理性的具有不同侧重评估目标的指标体系；最后将该方法用于评估第3章基于失效情景的应急资源选址方案，验证了方案的合理性。

第5章，采用数据包络法评估基于关键交通路段失效情景的新增中央储备库选址的合理性。由于我国中央储备库在应对突发事件时出现一些问题，所以需要新增中央储备库。已有研究者给出不同的新增中央储备库建议选址方案，为了验证所给方案的合理性，为决策者提供决策依据，需要对新增储备库的选址合理性进行评估。本书对新增中央储备库的不同建议选址方案，采用数据包络法，使用多区域情景评估体系进行合理性评估，对不合理的选址方案给出调整建议，验证了上述方法的有效性，并且给出了采用 DEA（数据包络分析）方法为新增中央储备库选址的具体步骤。

第 6 章，总结与展望。归纳总结本书的研究工作，针对现阶段工作中存在的不足，提出后续研究构想。

1.4.2 本书创新点

本书的创新点总结如下：

(1) 首先指出由于突发事件具有巨大的破坏力和不确定性，应急资源选址时必须基于设施失效情景，其次分析了设施失效发生原因，分别定义两类设施失效情景：关键节点失效情景和关键交通路段失效情景。

(2) 基于最坏节点失效情景，运用鲁棒思想，建立信息部分缺失条件下的最小费用随机选址模型，最大覆盖随机选址模型。由于所建模型都是双层规划，通过对模型解上下界的确定，降低模型的求解难度。最后通过算例分析说明基于设施失效情景选址模型相对于不考虑设施失效选址模型的优势，并分析了不同的设施失效概率对选址结果的影响。

(3) 分析应急资源选址所有影响因素，指出应急资源选址问题具有多输入/多输出的特点，并指出本书研究应急资源选址的多方案择优评估，故选取评估多输出/多输出、多方案问题具有优势的评估方法——数据包络方法，并设计了三种具有不同侧重评估目标的指标体系。

（4）将数据包络法运用于新增中央储备选址合理性评估。分析关键交通路段失效对中央储备库应急的影响，并基于关键交通路段失效情景，采用数据包络法对新增中央储备库选址合理性进行评估，给出调整建议，验证上述评估方法的有效性。

2 可靠性应急资源选址问题文献综述

20 世纪六七十年代，Hakimi（哈基米）、Toregas（托雷盖斯）和 Church（丘奇）开始研究应急资源布局问题。随着应急管理越来越被重视和实际需求的增加，应急资源布局问题的研究理论逐渐深入。具体可分为两个方面：①应急资源选址问题；②应急资源配置问题。传统应急资源选址问题随着时代的发展，已经较为成熟。但是实际生活当中往往会出现应急设施被破坏的情况，需要更加深入研究传统应急资源选址，因此产生了考虑损毁的应急设施布局问题。本章将从是否考虑设施损毁两个方面对应急设施布局问题进行文献综述。

2.1 传统选址问题

目前，选址问题的研究很多，出现了多种模型。选址模型可根据它们的目标、约束、求解和其他属性进行分类。传统选址模型分类的 8 个常用准则如下：①拓扑特征：按设施和需求点的拓扑特征可以把选址模型分为连续选址模型、离散网络模型和轴心连通模型等。②目标特征：目标是选址模型分类的一个重要准则。覆盖模型的目标是在保证覆盖所有需求点的条件下使设施的数目尽量小，或者使事先给定数目的设施，能够提供的覆盖尽可能大。P－中心模型的目标是使需求点和设施之间的最大距离（或运送时间）尽可能小。这些模型通常用于公共部门设施选址的优化，例如医院、邮局和救火站等。P-中线模型是使需求点与它们最近设施之间距离之和（或平均距离）尽可能最小。③求解方法：不同的求解方法也会得到不同的选址模型，比如优化模型和描述性模型。④设施特征：按设施的限制可以把模型分为带服务能力和无服务能力的模型；按设施之间的依存关系可以把模型分为考虑设施间协作和不考虑设施间协作的模型。⑤需求模式：分为弹性需求模型和非弹性需求模型。⑥供应链类型：选址模型可根据所考虑的供应链类型进一步细分为单阶段模型和多阶段模型。⑦时间范围：分为静态模型和动态模型。⑧输入参数：按照输入参数的特征分为确定性模型和非确定性模型（如随机模型）。

概括来讲，根据选址模型的目标函数将应急资源选址模型分为三类：P-中线模型、P-中心模型和覆盖模型。

1. P-中线模型

衡量设施选址有效性的一种重要方法是估计需求点和设施之间的平均（总的）距离。当平均（总的）距离下降，设施的可利用性和效率增加。这个关系既适用于个人，又适用于公共设施，比如超级市场、邮局以及应急服务中心，对这些设施而言，越近越好。P-中线模型由Hakimi（哈基米）于1964引入，考虑了上述衡量准则，P-中线模型定义是：确定 p 个设施的位置，使得需求点和设施之间平均（总的）距离最小。后来ReVelle（雷维尔）和Swain（斯维因）把P-中线问题描述成一个线性整数规划问题并用分支定界算法进行了求解。自从有了P-中线模型，它被改进和应用于许多应急资源选址问题。

P-median模型：

$$\min \sum_{i} \sum_{j} a_i d_{ij} x_{ij}$$

$$\text{s.t.} \sum_{j=1} x_{ij} = 1, \ \forall i$$

$$x_{ij} \leqslant y_j, \ \forall i, j$$

$$\sum_j y_j = p$$

$$x_{ij}, \ y_j \in \{0, 1\}, \ \forall i, \ j$$

Carbone（卡波恩），Calvo（卡尔沃）和 Marks（马科斯）以及 Paluzzi（帕卢齐）分别对 P-中线模型进行了描述和讨论，模型的目标是通过最小化用户和应急设施，比如医疗中心、中心医院、社区医院、局部接待中心和救火站之间的距离，来确定应急设施的最佳位置。

P-median（P-中线模型）模型的一个主要应用是分配 EMS (Emergency Medical Service，紧急医疗服务)个体物资，比如应急中的救护车。Carson（卡森）和 Batta（巴塔）提出了一个寻找校园应急服务中的救护车动态选择位置策略的 P-median 模型。Berlin（柏林）等(1976) 研究了医院和救护车选址的两个 P-median 问题。第一个问题目标为最小化从医院到需求点的平均距离，以及从救护车所在点到需求点的救护车平均响应时间。第二个问题中添加了最小化救护车到医院的平均距离这一新目标。Mandell（曼德尔）在其给出的 P-median 模型中，采用优先权派遣来优化应急物资的位置。Mirchandani（米尔查达尼）研究了防火应急物资的 P-median 问题，他考虑了需求模式和出行的随机特征。Serra（塞拉）和 Marianov（马里亚诺）实现了一个 P-median 模型，并引入了遗憾和最小最大目标的概念。

2. P-中心模型

P-中心模型最初是一百多年前由 Sylvester（西尔维斯特）首先提出的，问题是寻找圆心，使半径最小的圆能覆盖所有希望覆盖的点。P-中心模型也被称为最小最大模型，它最小化需求点和它最近设施的最大距离。P-中心模型试图最小化系统的最坏性能，因此它强调的情形是服务的不公平比系统平均性能更重要。应用到诸如 EMS 中心，医院、救火站和其他公共设施的设施选址中。

P－centre（P－中心模型）模型：

$$\min\{\max_{v_i \in V}(a_i, d(P, v_i))\}$$

$$\text{s.t.} \ |P| = p$$

Garfinkel（加芬克尔）等为了给出路网中应急设施的位置，研究了P－中心问题的基本性质，他用整数规划描述了P－中心问题；ReVelle（雷维尔）和Hogan（侯根）（1989 b）把设施限制问题描述为P－中心问题；对于EMS选址问题，也提出了随机P－中心模型，例如，Hochbaum（霍赫鲍姆）和Pathria（帕斯瑞尔）考虑的应急资源选址问题，最小化网络中所有时段的最大距离，在每个离散的时段、位置间的距离和费用是变化的。Talwar（托雷盖斯）用P－中心模型为三架供应急营救用的直升机进行选址和派遣，为阿尔卑斯山脉南北两地进行滑雪、徒步旅行、攀登活动的旅行者不断增加的EMS需求提供服务。

3. 覆盖模型

覆盖模型的目标是为需求点提供“覆盖”。只有在给定的距离限制内需求点能够得到一个设施的服务，才认为该需求点被覆盖。覆盖模型是用于描述应急资源选址问题常用的选址模型。覆盖问题的文献又可以分为两大部分：集合覆盖问题（LSCP）和最大覆盖问题（MCLP）。

LSCP：

$$\min \sum_{j \in W} x_j$$

$$\text{s.t.} \ \sum_{j \in W_i} x_j = 1, \ \forall i \in V$$

$$x_j \in \{0, 1\}, \ \forall j \in W$$

LSCP是Toregas等1971年对应急资源选址问题一个比较早的描述，其目的是为满足需求点覆盖要求的最少数目的设施选址。在LSCP中，由于所有的需求点都被覆盖，不管它的人口、偏远性和需求数量，因此设施所需要的资源可能非常多。认识到这个问题，Church（丘奇）和ReVelle（雷维尔）以及White（怀特）和Case（凯斯）发展了

MCLP模型，该模型并不要求覆盖所有的需求点，而是对于给定数目的设施，寻找最大覆盖。MCLP和它的不同变本被广泛用于求解许多应急服务选址问题。一个著名的例子是Eaton（伊顿）等人1985年的工作，它用MCLP为Austin（美国德克萨斯州首府奥斯汀）和Texas（美国德克萨斯州德克萨斯城）两个州的应急医疗服务做了很好的计划。即使求救呼叫增加，该方案也能使平均应急响应时间下降。Schilling等人1979年把MCLP模型推广到Baltimore（巴尔的摩城）的消防服务和仓库的选址问题，在他们称为FLEET（设施选址和设备放入技术）的模型中，需要同时考虑两种不同类型的服务选址问题，只有当两种服务都在给定的距离之内获得时，一个需求点才认为被“覆盖”。

MCLP：

$$\max \sum_{i \in V} d_i y_i$$

$$\text{s.t.} \quad \sum_{j \in W_i} x_j \geqslant y_i, \quad \forall i \in V$$

$$\sum_{j \in W} x_j = p$$

$$x_j, \ y_i \in \{0, 1\}, \quad \forall j \in W, \ i \in V$$

以上覆盖模型没有考虑由于系统拥挤等原因造成的设施不可利用情况。以下模型考虑这一情况，建立的覆盖模型能够保证为一个需求区域在第一个设施不能提供服务时，第二个（支援）设施能为该需求区域提供服务。Daskin（达斯葛）和Stern（斯特劳）为了寻找满足覆盖所有需求范围并同时最大化覆盖的最小数目的车辆，把应急医疗服务问题描述成一个分层目标的LSCP。BianChi（比安基）和Church提出EMS设施模型，该模型限制设施的数目但允许每个设施点有多种服务。Benedict（贝内迪克特），Eaton以及Hogan（侯根）和Revelle给出应急服务的MCLP模型，这个模型有第二位的“支援—覆盖”目标。支援覆盖模型通常被称为BACOP1（支援覆盖问题1）。由于BACOP1

模型中每个需求点需要第一覆盖，这对许多选址问题是不必要的，因此 Hogan 和 ReVelle（1986）进一步描述了 BACOP2 模型，该模型能够分别最大化得到第一和第二覆盖的人数。

BACOP1：

$$\max \sum_{i \in V} d_i u_i$$

$$\text{s. t.} \quad \sum_{j \in W_i} x_j - u_i \geqslant 1, \quad \forall i \in V$$

$$\sum_{j \in W} x_j = p$$

$$0 \leqslant u_i \leqslant 1, \quad \forall i \in V$$

$$x_j \geqslant 0, \quad \forall i \in V$$

BACOP2：

$$\max \theta \sum_{i \in V} d_i y_i + (1-\theta) \sum_{i \in V} d_i u_i$$

$$\text{s. t.} \quad \sum_{j \in W_i} x_j - y_i - u_i \geqslant 0, \quad \forall i \in V$$

$$u_i - y_i \leqslant 0, \quad \forall i \in V$$

$$\sum_{j \in W} x_j = p$$

$$0 \leqslant u_i \leqslant 1, \quad \forall i \in V$$

$$0 \leqslant y_i \leqslant 1, \quad \forall i \in V$$

$$x_j \geqslant 0, \quad \forall i \in W$$

有些研究还把应急服务覆盖模型推广到考虑突发事件情形的随机性和概率特征，因此能抓住这些问题的复杂性和不确定性特点。在 Revelle 以及 Beraldi（贝若迪）和 Ruszczynski（特鲁什琴斯基）的文章中能够找到随机模型的例子。有几种随机应急服务覆盖问题建模方法，第一种方法是用机会约束模型。Daskin 用一个估计的参数（q）来表示对需求点的需求至少有一个设施能够提供服务的概率，他把最大期望覆盖选址问题（MEXCLP）描述为在网络中放置 p 个设施，目标是最大化被覆盖人数的期望值。后来 ReVelle（雷维尔）和 Hogan（侯根）改进 MEXCLP 并且提出了概率的位置集覆盖问题（PLSCP）。在 PLSCP 中，每个需求点定义一个平均服务忙期（q_i）和服务可靠性因子（α）。然后确定设施的位置，使得在给定的距离之内可用服务的概率最大。Batta（巴塔）（AMEXCLP）、Goldberg（戈德堡）以及 Repede（雷佩德）和 Bernardo（伯纳多）（TIMEXCLP）后来又把 MEXCLP 和 PLSCP 进一步修正来处理其他的 EMS 选址问题。ReVelle 给出了机会约束应急服务选址模型的总结与综述。

随机 EMS 覆盖问题建模的另一种方法是用场景计划来表示可能的参数值，这些参数在不同的突发事件条件下可能会发生变化。在所有可能发生的场景中作一个折中决策，以此优化期望/最坏情况的性能或平均/最坏情况的遗憾。通过综合所有场景，Schilling（希灵）对 MCLP 进行推广来最大化所有可能发生情况的覆盖需求。分别基于场景确定最优选址范围，做出同时考虑所有场景的最终设施选址配置的折中决策。

2.2 网络可靠性设计

应急资源作为一类网络节点，构成应急物流网络。在大规模突发事件中，应急物流系统很可能由于损毁而遭受巨大影响，从而导致应急物资的保障能力急剧下降。应急资源作为应急物流网络的重要组成部分，在可能设施失效的情况下，应急物流系统中的应急资源选址对提高应急物流网络可靠性具有重要意义，本书是基于设施失效情景的应急资源的可靠性选址以及选址评估问题进行研究的。

应急物流网络是物流网络的一类特殊形式，应急资源的可靠性选址依赖于所处的应急物流网络的可靠性，所以有必要对网络可靠性深入了解。

2.2.1 网络可靠性定义

可靠性（Reliability）是指部件或系统在规定运行条件下，在给定时间内完成规定功能的概率。发展至今，可靠性概念也被广泛用于各个领域。可靠性问题的研究始于第二次世界大战前后，军事技术装备的复杂化导致它极易出现故障，需要科学的方法提高系统的可靠性，由此开启了可靠性问题的研究。

网络可靠性设计问题涉及的范围很广，如电力网络、通信网络、物流网络、交通网、军事以及能源网络。主要是在费用最小、可靠性最高等约束条件下建立由节点和路径构成的，满足某种需求的网络。节点在电信网络中如通信基站、路由器等；在物流、军事网络中是指交通枢纽、仓库、货运中心等；路径指铁路、桥梁、航线、通信链路、电线等。

网络可靠性的研究始于对通信网络的分析，之后，逐渐渗透到电力系统、计算机网络系统和工程系统等各个领域。网络可靠性是指在规定的条件下和规定的时间内网络完成规定任务的能力。网络可靠性按照其应用领域不同，相关研究者分别给出不同的定义。

（1）通信网络可靠性定义。高会生将通信网络可靠性概括为两种典型定义：定义 1，在人为或自然的破坏作用下，通信网在特定环境下和规定时间内，充分完成规定通信功能的能力；定义 2，在给定时间间隔内，装备能在规定条件下执行要求功能的概率。

（2）交通网络可靠性定义。它是网络可靠性在道路交通中的具体应用，即指在外界因素的干扰下，道路网在规定时间和条件下所能提供的满足交通需求的能力。交通网络可靠性包含：连通可靠性、出行时间可靠性、OD（路网起讫）子系统可靠性、通行能力可靠性、出行需求满意可靠性等。

进行网络可靠性设计时，需要考虑网络设计可靠性原则、影响网络可靠性的因素、设计步骤、可靠性评估。对于设计原则、影响因素以及设计步骤，不同的网络可靠性设计应用领域，具有不同的设计原则和影响因素。应该根据设计目的决定。

2.2.2 网络可靠性评估

目前对网络可靠性的指标归纳起来可分为四类：抗毁性、生存性、可用性以及完成性。

(1) 网络的抗毁性。描述网络在人为破坏作用下的可靠性，是指在拓扑结构完全确定的网络中，在理想的破坏方案作用下，网络能够保持连通的能力。近年来多用于军事通信网和部分公用网的研究。

(2) 网络的生存性。这是指对于节点或路径（链路）具有一定失效概率的网络，在随机性破坏作用下，能够保持网络连通的概率。

(3) 网络的可用性。描述网络在外部资源可用的条件下，在规定时间内的任何时刻，处于能执行所需功能的能力。

(4) 网络的完成性。指系统在任务开始时，可用性一定的情况下，在规定的任务剖面内的任一随机时刻，系统正常运行或降级完成服务要求的能力。

综上，网络可靠性包含三个基本要素：规定条件、规定时间、规定功能。

2.3 可靠性设施选址问题

要研究应急资源的可靠性选址，首先必须对已有关于可靠性选址问题进行文献综述。基于设施失效的可靠性选址问题最早由 Drezner

(德瑞日纳) 于 1987 年提出。目前越来越多的学者在研究选址问题时，将设施失效考虑其中，而且已经取得了一定的进展。根据不同的分类准则，可靠性设施选址模型可以进行不同的分类。

2.3.1 可靠性设施选址问题分类准则

1. 设施类别

按照设施被破坏的类别不同大致分为两类：一类研究网络中的弧失效，最早应用于电信或输电网 (Telecommunications or Power Transmission Networks) 中的弧失效，之后还应用于由于道路拥堵失效，以及发生非常规突发事件时，道路被破坏而失效；另一类研究网络中的节点 (Node) 失效或者物资供应点 (或服务提供点) 的失效，主要应用于物流供应链，应急资源选址 (例如，消防站、救护服务站等)。

2. 冗余设施数目

一类是系统中设施未选址，在系统的初始设计阶段，在设施选址时设置有益的冗余设施，以减轻由于设施被破坏带来的影响，增强系统的可靠性；另一类是不需要设计系统，由于资金有限或者为了节约成本，找出现有系统的薄弱环节——容易被破坏的设施，对其进行加固。加固模型事实上也是特殊的考虑设施失效选址模型，即在原有设施选址的基础上选出子集，进行加固以应对设施失效，增强系统的可靠性。

3. 目标函数

根据所建模型目标函数为以最小总费用为目标，还是从满足用户角度以最大覆盖需求为目标，分为最小费用模型和覆盖模型。文献考虑设施失效选址问题均以最小化费用为目标建模，而且都考虑供应链中的物资供应点失效。Snyder (斯奈德) 和 Daskin 以美国 48 个州和哥伦比亚特区为需求点，研究考虑设施失效的供应链选址问题，建立几个关于设施选址的可靠性 P—中值模型。模型中，每个用户按照优先级别被安排到不同设施，并且假设所有设施失效概率相同，目标是设施遭破坏失效后的期望运输成本最小。与 Snyder and Daskin 不同，Tingting Cui（崔婷婷）考虑不同地点的设施失效概率不同，并且引入了设施失效情景，建立同时考虑可靠性和经济效益的供应网，提出两个可靠性无容量限制选址模型，其一是紧混合整数规划模型（a Compact Mixed Integer Program，CMIP），其二是连续近似模型（a Continuum Approximation Model，CAM）。目标是最小化设施未遭到破坏常规情景下和遭到破坏应急情景下的期望运输费用，以平衡常规和应急状态下费用。Berman（博曼）和 Krass（克拉斯）建立混合整数规划模型，考虑设施失效概率对选址的影响，指出最优选址策略强烈依赖于设施失效概率。设施失效概率越大，选址越趋于集中。并且设计了几个精确和启发式算法，并将模型应用于加拿大多伦多医院选址中。文献在选址时并未考虑选址费用以及设施失效时的固定损失和惩罚。另外，从最大限度覆盖用户需求角度，研究可靠性设施选址问题。O'Hanley（欧亨利）从满足用户需求角度建立了考虑设施失效的最大覆盖选址模型。该模型最大化两个覆盖值的混合权重和，其一，所有设施的初始覆盖值；其二，r 个关键设施遭到破坏后最坏情况下的覆盖值。Berman 建立考虑由于恐怖袭击或者自然灾害造成的网络中弧失效的最大覆盖模型。

4. 模型输入参数类型

按参数类型分为确定性模型和不确定性模型。确定性模型无法反映非常规突发事件不确定性的特点。

5. 决策者对风险的态度

决策者对风险的态度分为可靠性期望费用模型和可靠性最坏情况费用模型。可靠性期望费用模型反映决策者对风险的中立态度，可靠性最坏情况费用模型反映决策者对风险的厌恶态度。

2.3.2 可靠性设施选址问题分类

以下按照系统中设施是否已经选址，将可靠性设施选址问题大致分为两大类：第一类是考虑设施失效的可靠性选址问题；第二类是系统内设施已选址，考虑设施失效的可靠性设施加固问题。然后再根据决策者对风险的态度以及模型的目标函数，将两大类选址问题继续进行细化分类。

2.3.2.1 可靠性设施选址问题

可靠性设施选址问题又可以具体划分为四类：①基于失效概率的可靠性期望费用模型；②基于情景的可靠性期望费用模型；③基于最坏情况的可靠性费用模型；④基于最坏情况的可靠性覆盖模型。具体如下。

1. 基于失效概率的可靠性期望费用模型

可靠性设施选址问题基于 P－median 模型提出，最初以概率表示设施失效，但是未假设设施失效为独立事件。其后 Lee（李）相继给出了一系列较为复杂的求解不可靠性 P－median 设施选址问题。基于 P－median 模型可靠性设施选址模型如下：

$$F(X)=\sum_{i=1}^{n}\omega_i\sum_{k=1}^{p}P(i, k, X)d_{i, j(i, k, X)}(X)$$

Snyder 以无能力约束固定费用设施选址问题（UFLP）为基础，建立了可靠性固定费用选址问题（RFLP），模型中假设每个设施被破坏的概率相同，目标是最小化以下两个成本的期望：一是日常运营成本；二是干扰事件使设施被破坏后为用户重新指派设施的期望运输成本。通过研究 UFLP 问题成本和 RFLP 问题成本之间的平衡曲线，发现 RFLP 比经典的 UFLP 的可靠性大幅度提高，但是日常运行费用略有增加。Berman 基于经典 P－median 问题建立类似可靠性选址模型，不同之处是设施被破坏失效概率不同。

RFLP：

$$\min \sum_{j\in J} f_j X_j + \sum_{i\in I} \sum_{r=0}^{|J|-1} \Big[\sum_{j\in J\setminus\{u\}} h_i d_{ij} q^r (1-q) Y_{ijr} + h_i d_{iu} q^r Y_{iur} \Big]$$

$$\text{s.t.} \sum_{j\in J} Y_{ijr} + \sum_{s=0}^{r-1} Y_{iur} = 1 \ \forall i \in I,\ r=0, \cdots, |J|-1$$

$$Y_{ijr} \leqslant X_j \ \forall i \in I,\ j \in J,\ r=0, \cdots, |J|-1$$

$$\sum_{r=0}^{|J|-1} Y_{ijr} \leqslant 1 \ \forall i \in I,\ j \in J$$

$$X_j \in \{0,\ 1\} \ \forall j \in J$$

$$Y_{ijr} \in \{0,\ 1\} \ \forall i \in I,\ j \in J,\ r=0, \cdots, |J|-1$$

2. 基于情景的可靠性期望费用模型

由于表示设施失效的概率或者其所服从的分布难以表示，为了克服这一困难，出现了以情景刻画设施失效事件的可靠性选址模型。Synder 以经典能力约束设施选址问题为基础，建立了基于干扰事件情景的期望成本规划模型：上层进行选址决策，下层进行干扰事件后的重新指派决策，目标函数是最小化固定费用与期望运输成本之和。基于情景的可靠性模型如下。

CRFLP：

$$\min \sum_{j\in J} f_j X_j + \sum_{s\in s} q_s \sum_{i\in I} \sum_{j\in J} h_i d_{ij} Y_{ijs}$$

$$\text{s.t.} \sum_{j\in J} Y_{ijs} = 1 \ \forall i \in I,\ s \in S$$

$$Y_{ijs} \leqslant X_j \ \forall i \in I,\ j \in J,\ s \in S$$

$$\sum_{i\in I} h_i Y_{ijs} \leqslant (1-a_{js}) b_j \ \forall i \in I,\ s \in S$$

$$X_j \in \{0,\ 1\} \ \forall j \in J$$

$$Y_{ijs} \in \{0,\ 1\} \ \forall i \in I,\ j \in J,\ s \in S$$

基于情景的可靠性选址模型，当情景较多时，很难列举所有的情景。此时可采用样本均值近似方法求解，如采用蒙特卡洛方法，以及将拉格朗日松弛方法嵌入蒙特卡洛法求解。Garg（加尔格）等进一步考虑多产品的可靠物流网络系统设计模型，假设多个失效情景同时发生在连接弧上，寻找失效情景发生后能支持多产品顺利流通的最小成本的连接弧，给出了基于 Bender（本德尔）分解的求解方法。

3. 基于最坏情况的可靠性费用模型

可靠性期望费用模型反映风险中立型决策者的态度，而基于最坏情况的可靠性费用模型反映风险厌恶者的中立态度。基于最坏情况的设施失效模型，并不是针对所有情景进行考虑的，而是假设设施失效数目上限，因为最坏情况一定是系统内所有设施都被破坏失效，而这种情况发生概率极低。

Snyder 等以无能力约束设施选址问题为基础，建立了情景干扰事件的两种最坏情况成本模型：最小最大成本模型和最小最大后悔值模型。最小最大成本模型引入了决策变量 U，要求 U 小于等于系统最大成本（固定设施成本与期望运输成本之和），以最小化决策变量 U 为目标函数；最小最大后悔值模型中的后悔值等于给定情景的当前解与其最优解之差，以最小化最坏情况样本空间的所有失效情景的最大后悔值为目标函数。然而，这些模型很难获得精确解。

最小最大成本模型为：

MMRFLP：

$$\min U$$

$$\text{s.t.} \quad \sum_{j \in J} f_j X_j + \sum_{i \in I} \sum_{j \in J} h_i d_{ij} Y_{ijs} \leqslant U \quad \forall s \in S$$

$$\sum_{j \in J} Y_{ijs} = 1 \quad \forall i \in I,\ s \in S$$

$$Y_{ijs} \leqslant (1 - a_{js}) \mathrm{X}_j \quad \forall i \in I,\ j \in J,\ s \in S$$

$$X_j \in \{0, 1\} \quad \forall j \in J$$

$$Y_{ijs} \in \{0, 1\} \quad \forall i \in I,\ j \in J,\ s \in S$$

最小最大绝对后悔值模型为：

$$\min U$$

$$\text{s. t.} \quad \sum_{j \in J} f_j X_j + \sum_{i \in I} \sum_{j \in J} h_i d_{ij} Y_{ijs} \leqslant U + z_s \quad \forall s \in S$$

$$\sum_{j \in J} Y_{ijs} = 1 \quad \forall i \in I, \ s \in S$$

$$Y_{ijs} \leqslant (1 - a_{js}) X_j \quad \forall i \in I, \ j \in J, \ s \in S$$

$$X_j \in \{0, 1\} \quad \forall j \in J$$

$$Y_{ijs} \in \{0, 1\} \quad \forall i \in I, \ j \in J, \ s \in S$$

由模型可见，最小最大绝对后悔模型只是将最小最大成本模型中，第一个约束右侧 U 变为 $U + z_s$，若将 U 变为 $z_s(1+U)$ 即为最小最大相对后悔值模型。最小最大后悔值模型相对于最小最大成本模型需要研究更多的情景，带来求解困难，而后者相对于前者更悲观。总体上，最小最大模型过于保守，而期望成本模型长远来看在大多数情况下产生较好的解，但是在某些情景下却不是好解。为了克服这一缺陷，Snyder 将以最小最大后悔中 U 为约束，最小化期望成本。这种方法与鲁棒优化问题中的 P-鲁棒概念相似。

Church 以 P - median 问题为基础，主要针对蓄意攻击型干扰事件风险，建立了适应性更好的最坏情况下可靠性成本的双层规划模型。在模型中设施失效并不相互独立，这符合恶意破坏事件特点。模型中上层规划选取最优的 P 个设施，下层规划响应并评估被选定的 P 个设施中损失 R 个后的运输成本。经例证，当少数设施损坏后，传统方法设计的系统运行效率急剧变差，而可靠物流系统不仅日常运行效率接近传统最优设计的系统，而且在遭到干扰事件破坏后仍能保持较高的运行效率。

4. 基于最坏情况的可靠性覆盖模型

可靠性选址模型除以经济为目标函数外，还可从用户需求角度出发建立模型。Scaparra 基于经典最大覆盖模型，建立了可靠性双层覆盖模型，该可靠性覆盖模型主要考虑最大化覆盖未发生设施失效时以及发生设施失效时对用户的覆盖程度，具体模型如下：

$$\max z = \theta \sum_{i \in I} d_i y_i + z'$$

$$\text{s.t.} \quad \sum_{j \in J} x_{jk} = 1 \quad \forall k \in K$$

$$\sum_{k \in K} x_{jk} \leqslant 1 \quad \forall j \in J$$

$$\sum_{k \in K} \sum_{j \in N_i} x_{jk} \geqslant y_i \quad \forall i \in I$$

$$\sum_{k \in K \setminus G_\omega} \sum_{j \in N_i} x_{jk} \geqslant y'_{i\omega} \quad \forall \omega \in \Omega, \ i \in I$$

$$\sum_{i \in I} d_i y'_{i\omega} \geqslant z' \quad \forall \omega \in \Omega$$

$$X_{jk} \in \{0, 1\} \quad \forall j \in J, \ k \in K, \ y_i \leqslant 1$$

$$\forall i \in I, \ y'_{i\omega} \leqslant 1 \, \forall i \in I, \ \omega \in \Omega$$

2.3.2.2 系统内设施已经选址的可靠性设施加固问题

该类问题考虑到设施有可能被破坏而失效，为提高系统可靠性而对设施重新选址，费用太过高昂。用于加固设施的资金有限或者为了节约成本，而在系统内所有设施当中选取关键设施或者薄弱设施加固，增加系统的可靠性。该类问题按照决策者对风险的厌恶态度，分为期望加固模型、最坏情况加固模型。

1. 可靠性期望费用加固模型

可靠性期望费用加固模型主要针对自然灾害等非蓄意破坏造成设施失效的加固问题。Scaparra（斯卡帕拉）分别基于 P－median 模型和 UFLP 模型，建立了无容量限制可靠性设施加固模型（PMFP）和有容量限制的可靠性设施加固模型（CPMFP），模型从 P 个设施中选取 Q 个关键设施进行加固，目标函数是最小化期望运输费用权重和。PMFP 与 CPMFP 的区别同 P－median 问题与 UFLP。

2. 基于最坏情况的可靠性加固模型

基于最坏情况的可靠性加固模型主要针对蓄意破坏造成的设施失效。建模时，考虑到破坏者的思想，构造主从双层规划模型或 stackelberg 博弈模型，加固者（决策者）代表主体，恶意破坏者或者恐怖分子代表从体。Scaparra 将 stackelberg 博弈模型表示为考虑设施加固的 RIMF（R 中断中线双层规划模型），上层规划从 P 个设施中寻找 Q 个设施加固，最小化设施被破坏后系统的权重费用；下层规划模型表示攻击未加固设施，最大限度破坏系统。模型假设设施一旦被加固，即不可能再被破坏，而且系统内最多只可能有 R 个设施失效（$R < P$）。Church 和 Scaparra 将 RIMF 建模为单层规划模型，但是单层规划模型需要列举所有可能中断情景，这样就限制了模型的规模。

综上所述，已有文献研究基于设施失效情景选址问题时，没有对设施失效情景进行深入研究，没有给出设施失效情景详细分类、定义，也未将其应用于应急资源选址当中。设施失效情景的细化，能贴切描述实际情况，在此基础上研究应急资源选址问题，更能反映客观实际。

2.4 应急物流网络可靠性设计

本书研究应急资源的选址问题，具体包括灾前应急储备中心的选址、灾中物资中转站以及物资分发中心的选址。简单说，应急物流体系包含物资供应地、物资中转站、应急配送中心、受灾地区，这四部分共同构成应急物流网络。显然，应急资源的选址属于应急物流网络当中的重要部分。应急资源选址作为应急物流网络的一类节点，应急资源选址的可靠性离不开应急物流网络的可靠性。

2.4.1 物流网络

1. 物流网络的定义

在国家标准《物流术语》(GB/T 18354—2006) 中，对物流网络的定义为：物流过程中相互联系的组织、设施与信息的集合。从企业的微观角度出发，将物流网络定义为：商品从供应地向销售地移动的流通渠道。朱道立定义物流网络为线路和节点相互关系、相互配置，其结构、组成、联系方式不同，形成不同的物流网络。

采用图论理论定义物流网络，所有物流活动都在物流节点和相应的弧上进行。所以物流网络主要由物流节点和弧两大要素构成。

(1) 物流节点。如仓储、配货、包装、分货、流通加工等，都是在物流节点上完成。物流节点是物流网络中的重要组成部分。物流节点对于优化整个物流网络都起着重要的作用。有时候，物流节点也被称为物流据点、物流中枢或物流枢纽。

物流节点按照功能分为：储存型物流节点、转运型物流节点、流通型物流节点。储存型物流节点的主要功能是存放货物，如仓库；转运型物流节点主要功能是连接不同或者相同的运输方式，如铁路货运站、航空港、公路货站等；流通型物流节点主要功能是组织物流快速流转，如流通仓库、集货中心、配送中心和物流中心等。

(2) 弧。物流网络中的弧用于连接物流节点，具体是指物流中的道路，比如公路、铁路、管道等。对应于不同的运输方式，如公路运输、铁路运输、管道运输以及水运、空运。

2. 物流网络可靠性

在现实中，物流系统面临一系列不确定因素，如一些非常规突发事件，往往会导致物流系统当中物流节点或者物流线路（道路）损毁。或者由于客户的需求变动、产权变更等原因，影响物流网络的可靠性。

物流网络可靠性是指物流网络系统在实际规定的连续运行过程中，充分完成规定的物流服务功能的概率。物流网络可靠性与其主要构成要素有关，具体包括节点的可靠性和道路或者弧的可靠性。

2.4.2 应急物流网络可靠性

应急物流是指以提供突发性自然灾害、突发性公共事件等突发性事件所需应急物资为目的，以追求时间效益最大化和灾害损失最小化为目标的特种物流活动，包括军事应急物流和非军事应急物流。

应急物流与普通物流既有相同点，又有区别。应急物流也具有物流的功能和要素，如运输、储存、装卸搬运、包装、流通加工、信息处理、配送等基本功能要素。普通物流既强调物流的效率，又强调物流的效益，而且效益是第一位的，而应急物流在许多情况下是通过物流效率来衡量物流的功能的。应急物流主要针对突发事件，所以根据突发事件的特点，决定了应急物流具有以下特点：

(1) 突发性和不可预知性。这是应急物流区别于一般物流的最明显的特征。

(2) 需求的随机性。应急物流是针对突发事件的物流需求，需求的随机性主要是由于突发事件的不确定性。

(3) 峰值性、非常规性及时间约束的紧迫性。

(4) 弱经济性，普通物流既强调物流的效率，又强调物流的效益，而应急物流在许多情况下是通过物流效率的实现来完成其物流效益的实现。

(5) 政府与市场及群众的共同参与性。

应急物流是一个系统，在整个运作过程中需要涉及应急物流中心的建立、应急物资的储备、应急物资的采购、应急物资的运输与配送等元素。简单说，应急物流包含四层主要内容：物资供应地、物资中转站、应急配送中心、受灾地区。这四层内容构成应急物流网络。

应急物流网络是物流网络当中的一种特殊形式。郭晓光认为应急物流网络是为满足突发事件应对工作需要，基于交通基础设施、依托应急物流节点的辐射作用、借助物流信息网络，将某一区域及其周边的应急部门、应急企业、应急资源有效连接起来的网状配置结构，应急物流网络包括基础设施网络及物流组织网络。其中基础设施网络是由以应急物资储备库（点）、应急物流配送中心为节点，以公、铁、航等主要运输通道为脉络形成的网状结构；从选址、库存、运输三个角度应急物流网络规划的主要内容包括：应急物资储备节点空间布局、应急物资储备节点库存策略、应急物资运输及配送路径选择。所以，应急资源地址是应急物流网络的一类节点，本书研究的应急资源选址属于应急物资储备节点空间布局。

由于应急物流主要是应对突发事件而采取的物流活动，所以应急物流系统本身在进行紧急保障活动时，很可能遇到突发性攻击，造成整个应急物流网络瘫痪，严重影响应急效果，甚至将给整个社会造成更为严重的后果。因此，当应急物流网络受到突发性攻击时，使其能够迅速恢复到正常状态进行工作的能力就非常重要，所以需要研究应急物流网络的可靠性。根据网络可靠性三要素，应急物流网络的可靠性是指应急物流网络在规定的条件下和规定的时间内完成规定任务的能力。

物流网络的可靠性主要取决于物流节点的可靠性和弧（路径）的可靠性，应急物流网络作为一种特殊的物流网络，其可靠性同样依赖于应急物流网络当中的节点和路径。即应急物流网络的可靠性依赖于应急物资储备库（点）、应急物流配送中心的可靠性，以及公、铁、航等主要运输通道的可靠性。应急资源选址包括应急物资储备库（点）、应急物流配送中心选址，所以应急资源选址的可靠性，很大程度上影响应急物流网络的可靠性，两者密不可分。应急资源的可靠性选址，值得重点研究。

2.4.3 应急资源的可靠性选址

2.4.3.1 应急设施失效描述

借鉴可靠性定义，本书研究的应急资源的可靠性选址是指在规定条件下，在规定的时间内，应急资源能够充分完成所规定的正常应急功能的能力。

影响应急资源选址可靠性的因素很多，应急物流网络中的应急设施失效是其中重要影响因素。导致设施失效的原因有：①设施由于自然灾害被破坏；②设施由于人为原因被破坏；③设施正在为某个用户服务，因此无法在规定时间内为其他有需求的用户提供服务，相对于未被服务的用户来说设施失效；④设施未损毁，但是其所处的应急物流网络当中关键交通路段损毁，造成应急设施失效。这里研究的应急设施失效假设为完全失效。

由于物流节点可靠性和物流线路可靠性是物流网络可靠性的两个主要内容，所以这里将影响应急资源选址可靠性的应急设施失效，细分为两个部分。一是指应急资源本身失效，即相当于应急物流网络当中的节点失效，如 SARS（非典）中的医院失效，军事物流配送中心、泵站、防浪堤失效等，称为关键节点设施失效，或简称为节点失效；二是指应急物流网络当中关键交通路段设施失效，应急资源无法及时送达需求点，延长了应急时间，影响了应急资源对需求的保障程度，从而影响应急效果，此时也称为应急设施失效，简称为交通路段失效，比如桥梁、隧道、2008 年雨雪灾害中的交通要道。

2.4.3.2 应急设施失效情景

基于“情景”进行应急资源布局，是由非常规突发事件特点决定的。非常规突发事件具有发生异常突然、扩展迅速、高度不确定、先兆不明显、预测非常困难、用常规方法很难处置、危害严重等特点，所以非常规突发事件具有“情景依赖”性，对非常规突发事件的应急管理，正在发生从“预测—应对”到“情景—应对”的重大演变。因此，研究应急资源选址以及选址评估要基于“情景”。“情景”是指对事物所有可能的未来发展态势的描述。具体描述内容包括对各种态势基本特征的定性和定量描述，也包括对各种态势发生可能性的描述。应急管理中的情景是突发事件对受灾体形成灾害的情形、程度、发展蔓延，以及引发次生灾害一系列情况、趋势、可能性的描述。

由于非常规突发事件的不确定性，应急系统内是否发生设施失效，发生设施失效时，有多少设施失效，具体哪个或者哪些失效，都具有不确定性，故以应急设施失效情景描述设施失效具体情况，下面简称失效情景。假设 r 表示设施失效数目，则 r 具有不确定性。当设施失效数目为 r 时，不同失效设施构成不同的失效情景，表示为 h_{rs} ，所有失效情景 h_{rs} 的集合称为情景集，以 H_r 表示（$h_{rs} \in H_r$）。如果应急系统内共有 n 个应急设施，假设每个应急设施都有可能失效，所以共有 c_n^r 个设施失效情景，即 $|H_r|=c_n^r$ 。情景集中任一情景发生，就称该情景集 H_r 发生，所有 H_r 构成情景组 H ，所以 H 中共有 $\sum_{r=0}^{n} c_n^r=2^n$ 个情景，即 $|H|=2^n$ 。

在研究应急资源选址时基于设施失效情景，有利于提高发生设施失效时的应急保障程度，有利于提高应急资源选址可靠性。

2.4.3.3 最坏设施失效情景

本书主要针对以下两方面原因造成的设施失效进行研究：一是设施失效为蓄意破坏导致，如恐怖袭击，恐怖分子必然希望最大限度破坏；二是自然原因导致设施失效，设施一旦遭到破坏，会带来巨大损失，而且长时间无法恢复使用，用于修复或重建费用高昂。基于以上设施失效原因，研究最坏设施失效情景更具现实意义。从最小费用角度，最坏设施失效情景是指情景组中使得总成本最高的情景，从最大覆盖需求角度，最坏设施失效情景是指情景组中使得覆盖需求最小的情景。本书基于最坏设施失效情景研究应急资源的可靠性选址以及选址评估问题。

综上所述，考虑设施失效情景的设施选址问题，研究还不够充分，而且主要应用领域也仅仅是军事、商业物流、供应链当中，考虑到非常规突发事件巨大的破坏性，有必要研究基于设施失效情景的应急资源选址问题。

已有关于考虑设施失效的选址模型主要有两个方面，一方面以最小费用为目标函数研究；另一方面以最大覆盖需求为目标函数研究，但都没有同时考虑最小费用和最大覆盖两个方面，进行应急资源选址的研究。而现实当中，应急资源选址在保证应急效果的同时也应考虑选址成本，所以应急资源选址的研究，需要同时考虑成本和需求两个方面。本书首先分别建立了以最小费用为目标和以最大覆盖为目标的选址模型，然后同时考虑费用和覆盖需求两个方面，对选址结果综合分析，得到最终优化选址方案。为进一步验证选址结果的合理性而进行应急资源的可靠性选址评估问题研究。通过对定性与定量评估方法的分析，以及考虑到影响应急资源选址的因素较多，选取数据包络法，设计了多种评估指标体系。最后对第 3 章中的选址结果进行评估，并把该评估方法运用于基于关键交通路段失效情景的中央储备库选址评估当中，验证了评估方法的有效性。

3　基于节点失效情景的应急资源的可靠性选址问题

设施选址问题是运筹学中的经典问题，此类问题目前研究比较成熟。大多选址问题未考虑失效情景，但现实中，当发生非常规突发事件时，由于其巨大的破坏力，应急设施有可能由于被破坏而失效，所以在研究应急资源选址问题时，应该考虑设施失效。

本章将考虑经济效益和最大覆盖需求两方面，分别研究基于最坏节点失效情景的应急资源的可靠性选址问题，然后综合分析选址结果，最终给出最优选址方案。已知应急资源待选点集合，每个待选点被选址后，都有可能发生节点失效情景，现在从中选址作为应急资源放置点，以满足已知的需求，目标是在未来有可能发生最坏节点失效情景下，在能满足需求的前提下，使初期的选址费用、后期满足需求的运输费用，以及发生节点失效情景时的惩罚费用三者之和最低，或者目标函数是使需求被最大覆盖。

相关假设：

（1）研究应急资源选址问题，不考虑配置，所以假设设施无容量限制，即不考虑设施的供应能力；

（2）各点设施的选址费为已知量；

（3）设施一旦遭到破坏，就完全失效；

（4）假设每个设施失效概率相同表示为 p ，设施失效彼此独立；

（5）由于系统内全部设施同时发生失效的概率较低，所以假设设施失效最大值为 R，R 小于系统内设施总数。故设施失效数目 $r \in \{0, 1, \cdots, R\}$。由此认为信息部分缺失。

由于现实中无论是否考虑设施失效，都希望尽可能节约成本，所以假设设施无闲置符合实际情况。该假设同时保证了系统内设施都是关键（决定性）设施，其失效必然会对整个系统的正常运行造成较大影响，强化了文章研究设施失效选址问题的重要性。由于多少个节点失效，哪些或者哪个节点失效都未知，又由假设（5）已知节点最大失效数目，所以关于节点设施失效信息为信息部分缺失。

本章研究分析最坏节点失效情景下的应急资源选址问题，目标是应急资源合理选址，使选址费用最小或者满足最大覆盖需求。为此分别建立信息缺失条件下最小费用随机规划模型和最大覆盖随机规划模型。由于所建模型都是双层规划模型，通过对模型求解上下界的确定，降低模型的求解难度。最后将上述规划模型应用于医院选址，并分两种情况与传统不考虑节点失效情景选址模型进行比较分析。算例表明，考虑节点失效情景的选址模型，在提高可靠性的基础上，还具有费用低、覆盖率高等特点，更具有现实意义。最后综合分析最大覆盖模型和最小费用模型的选址结果，给出新增医院选址方案。

3.1 基于最坏节点失效情景的最小费用选址模型

从经济效益角度研究应急资源选址问题，以最小化总费用为目标建立可靠性选址模型。首先给出不考虑设施失效的选址模型在不发生设施失效和发生设施失效时的总费用；其次在信息部分缺失——设施失效数目确定和设施失效数目不确定条件下，分别建立基于最坏节点失效情景的双层规划模型，并采用改进贪婪取走算法求解。

3.1.1 节点失效数目已知的选址模型

相关参数：

F ：表示待选地址集，$F=\{1, 2, \cdots, m\}$ ；

f_j ：表示在 $j \in F$ 点选址的费用；

$N=\{1, 2, \cdots, n\}$ 表示用户集合；

a_i ：表示用户 i 的需求，$i \in N$ ；

d_{ij} ：表示用户 i 与待选地址 j 之间的距离；

r ：表示节点失效数目；

p ：表示节点失效概率；

p_r ：为节点失效数目为 r 时的发生概率。由于设施失效相互独立，则 r 个设施失效的概率为 $p_r=c_n^r p^r(1-p)^{n-r}$ ，其中（ $p_0=(1-p)^n$ ）。p_r 也可取

$$p_r=\frac{2(R-r+1)}{R(R+1)};$$

g_j ：表示 $j \in F$ 点设施失效时的固定损失，为失效惩罚；

T_{ij} ：表示 j 点设施距用户 i 更远的设施集合，$T_{ij}=\{k \in F \mid k \neq j, d_{ik}>d_{ij}\}$， $\forall i \in N, i \in F$ ；

相关变量：

x_j ：为0～1变量，当 j 被选为设施服务点时为1，否则为0；

s_{ij}^r ：为0～1变量，当有 r 个节点设施失效时，用户 i 的需求由 j 点设施满足时 $s_{ij}^r=1$，否则为0；

y_j^r ：为0～1变量，当有 r 个节点设施失效时，当 j 点设施失效时，$y_j^r=1$，否则为0，情景集合 H_r 中的每个情景可以表示为以 y_j^r 为元素的 $|F|$ 维向量，所以 H_r 为由向量构成的集合；

s_{ij} ：为0～1变量，没有设施失效时，当 i 的需求由 j 满足时，

$s_{ij}=1$，否则为 0。

经典不考虑设施失效选址模型为：

M：

$$\min \sum_{j \in F} f_j x_j + \sum_{i \in N} \sum_{j \in F} a_i d_{ij} s_{ij}$$

$$\text{s. t.} \quad \sum_{j \in F} x_j = q$$

$$\sum_{j \in F} s_{ij} = 1, \quad \forall i \in N$$

$$s_{ij} \leqslant x_j, \quad \forall i \in N, \ j \in F$$

$$s_{ij}, \ x_j \in \{0, 1\}$$

选址费用表示为$V_{01} = \sum_{j \in F} f_j x_j^0$，交通费用表示为$V_{02} = \sum_{i \in N} \sum_{j \in F} a_i d_{ij} s_{ij}^0$，故总费用为 $V_{01} + V_{02}$。模型 M 当发生设施失效，由于选址已经确定，所以此时的总费用由原选址费用 V_{01} 和重新指派用户后的运输费用构成。当设施失效数目 r 确定时，最坏情景下的失效费用为 $w_r^0 = \max\limits_{H_r}(\sum_{j \in F} g_j y_j^r + \sum_{i \in N} \sum_{j \in F} a_i d_{ij} s_{ij}^r)$，由失效惩罚和运输费用两部分构成，故总费用为 $V_{01} + w_r^0$；当设施失效数目 r 不确定 $r \in \{1, 2, \cdots, R\}$ 时，总费用为 $V_{01} + \sum_{r=1}^{R} p_r w_r^0$。无论 r 的值是否已知，发生设施失效后的总费用不小于未发生设施失效时的总费用。

选址时考虑节点失效情景，在信息部分缺失条件下，设施失效数目 r 确定时，建立双层规划模型 G－M 如下。

G－M：

上层规划（upper level programming）：

$$\min \sum_{j \in F} f_j x_j + w_r \tag{3-1}$$

$$\text{s. t.} \quad \sum_{j \in F} x_j = q \tag{3-2}$$

下层规划（lower level programming）：

$$w_r = \max_{H_r}\left(\sum_{j \in F} g_j y_j^r + \sum_{i \in N}\sum_{j \in F} a_i d_{ij} s_{ij}^r\right) \tag{3-3}$$

$$\text{s. t.} \quad y_j^r \leqslant x_j, \quad j = 1, 2, \cdots, m \tag{3-4}$$

$$s_{ij}^r \leqslant x_j, \quad \forall i \in N, j \in F \tag{3-5}$$

$$\sum_{j \in F} y_j^r = r, \quad r = 0, 1, 2, \cdots, R \tag{3-6}$$

$$s_{ij}^r \leqslant 1 - y_j^r, \quad \forall i \in N, i \in F \tag{3-7}$$

$$\sum_{k \in T_{ij}} s_{ik}^r \leqslant y_j^r, \quad \forall i \in N, i \in F \tag{3-8}$$

$$\sum_{j \in F} s_{ij}^r = 1, \quad \forall i \in N \tag{3-9}$$

$$x_j, y_j^r, s_{ij}^r \in \{0, 1\}, \quad \forall i \in N, j \in F \tag{3-10}$$

模型G－M为双层规划模型，上层规划由式（3－1）和式（3－2）构成，表示 r 个设施失效时，最小化总费用，即最小化选址费用与最坏情景下运输费用之和；下层规划由式（3－3）～式（3－10）构成，表示 r 个设施失效时，最坏情景下的失效费用，该费用由失效惩罚与运输费用构成。

其中，式（3－1）为模型的目标函数，表示失效数目为 r 时最小化总费用；式（3－2）表示设施选址数目；式（3－3）表示最坏情景下的失效费用；式（3－4）表示若该点未被选为设施服务点，则不可能出现设施失效；式（3－5）表示若 j 点没被选为设施服务点，则用户需求必定不由该点满足；式（3－6）表示设施失效数目为 r；式（3－7）表示如果设施失效，需求一定不由该点设施满足；式（3－8）表示需求由距其最近的设施满足，只有最近的设施失效时，才由较远设施满足；式（3－9）表示当设施失效数目为 r 时，每个用户的需求只由一个未失效设施满足；式（3－10）限定各变量为0～1变量。

以上建立了失效设施数目已知时，在信息部分缺失条件下——设施失效数目已知情况下的选址模型。但是，节点设施失效数目有可能未知，以下建立节点失效数目未知时的选址模型。

3.1.2 节点失效数目未知的选址模型

在信息缺失条件下，在节点失效数目 r 不确定时（$r \in \{1, 2, \cdots, R\}$），在情景集 H 下，期望总费用如下表示。

B-M：

上层规划（upper level programming）：

$$\min\left(\sum_{j \in F} f_j x_j + \sum_{r=0}^{R} p_r W_r\right) \tag{3-11}$$

$$\text{s.t.} \sum_{j \in F} x_j = q \tag{3-12}$$

下层规划（lower level programming）：

$$W_r = \max_{H_r}\left(\sum_{j \in F} g_j y_j^r + \sum_{i \in N} \sum_{j \in F} a_i d_{ij} s_{ij}^r\right) r = 0, 1, 2, \cdots, R \tag{3-13}$$

$$\text{s.t. } y_j^r \leqslant x_j, \ j = 1, 2, \cdots, m \tag{3-14}$$

$$s_{ij}^r \leqslant x_j, \ \forall i \in N, j \in F \tag{3-15}$$

$$\sum_{j \in F} y_j^r = r, \ r = 0, 1, 2, \cdots, R \tag{3-16}$$

$$s_{ij}^r \leqslant 1 - y_j^r, \ \forall i \in N, i \in F \tag{3-17}$$

$$\sum_{k \in T_{ij}} s_{ik}^r \leqslant y_j^r, \ \forall i \in N, i \in F \tag{3-18}$$

$$\sum_{j \in F} s_{ij}^r = 1, \ \forall i \in N, r = 0, 1, 2, \cdots, R \tag{3-19}$$

$$x_j, y_j^r, s_{ij}^r \in \{0, 1\}, \ \forall i \in N, j \in F \tag{3-20}$$

模型 B-M 为在信息部分缺失条件下——设施失效数目未知的双层规划模型，上层规划由式（3-11）和式（3-12）构成，下层规划由式（3-13）～式（3-20）构成。

其中，式（3-11）为模型的目标函数，表示由选址费用和最坏情景失效费用构成的期望总费用；式（3-13）为下层规划的目标函数，表示最坏情景下的失效费用；式（3－12）表示设施选址数目；式（3－14）表示若该点未被选为设施服务点，则不可能出现设施失效；式（3－15）表示若 j 点没被选为设施服务点，则用户需求必定不由该点满足；式(3－16)表示节点设施失效数目在区间 $[0, R]$ 内取数值；式（3－17）表示如果设施失效，需求一定不由该点设施满足；式（3－18）表示需求由距其最近的设施满足，只有最近的设施失效时，才由较远设施满足；式(3－19）表示当设施失效数目 $r \in [0, R]$ 时，每个用户的需求只由一个未失效设施满足；式（3－20）限定各变量为 0～1 变量。

3.1.3 求解最小费用模型的贪婪取走算法

双层规划模型是 NP－hard 问题，模型中变量的整数约束增加了该问题的求解难度。Church 和 Scaparra 将双层规划模型转化为单层混合整数规划模型，可通过数学软件直接求解。双层规划还可以采用隐式枚举树搜索算法求解，但这两种方法仅适用于问题规模较小的情况。在现实当中，比如电网、消防站设施，涉及的变量数目往往比较大，所以需要设计合适的求解不同规模模型算法。Bender 分解算法可用于求解较大规模双层规划问题，但标准 Bender 分解不可用于离散环境，适合求解网络中弧中断问题。另一种方法是用 K－K－T 条件将问题化为单层规划，但该方法要求下层问题变量无整数约束。一些启发式方法如模拟退火法、禁忌搜索法，也可用于求解双层规划问题。Scaparra 首先用贪婪算法求解双层规划的等价问题，然后用线性插值法提高精度，取得了很好的结果。

对于以最小化成本为目标建立的模型，采用启发式算法求解。已经证明，贪婪算法有以下求解优势：①算法比较简单，求解速度快，尤其适合解决大规模问题；②贪婪取走算法不需要过多参数，因而参数选择对解的精度没有影响。

改进贪婪取走算法步骤：

Step1：初始化，设所选设施地址集合表示为 J ，令 $J=F$ ，$|J|=m$ ；

Step2：将用户分配给使运输费用最小的设施，即将用户分配给距离其最近的设施；

Step3：选择一个设施取走，将其取走后需满足：为用户重新分配设施，使得 Step1 满足。从 J 中取走点 j_0，即 $\forall j' \in J$ ，$j_0=\arg\min \sum_{j\in J-\{j'\}} f_j x_j + \sum_{i\in N}\sum_{j\in J-\{j'\}} a_i d_{ij} s_{ij}$ ，令 $J=J-\{j_0\}$ ，$|J|=m-1$；

Step4：重复 Step3，直到 $|J|=q$ ，输出 J ，且将其表示为 $J=\{j_1, j_2, \cdots, j_q\}$ ；

Step5：令 $k=1$，$J'=\{j_2, j_3, \cdots, j_m\}$ ，$Z(J)=\sum_{j\in J} f_j x_j + \sum_{r=1}^{R} p_r W_r$ ，$\forall i \in F-J$ ，$j_1'=\arg\min_{i\in F-J} Z(J'\cup\{i\})$，若 $\min Z(J'\cup j_1')<\min Z(J)$，令 $J=J'\cup\{j_1'\}=\{j_1', j_2, \cdots, j_q\}$ ；

Step6：令 $k=k+1$，$\forall i \in F-J$ ，$J'=\{j_1, j_2, \cdots, j_{k-1}, j_{k+1}, \cdots, j_q\}$ ，$j_k'=\arg\min_{i\in F-J} Z(J'\cup\{i\})$， 若 $\min Z(J'\cup j_k')<\min Z(J)$ ，令 $J=J'\cup\{j_k'\}=\{j_1, j_2, \cdots, j_{k-1}, j_k', j_{k+1}, \cdots, j_q\}$ ；

Step7：若 $k=m$ ，输出 J ，以及总费用，否则转 Step7。

以上算法用于求解模型 B-M，对于求解模型 G-M，只需令改进贪婪取走算法中 Step5$Z(J)=\sum_{j\in J} f_j x_j + w_r$ 即可。

3.2 基于最坏节点失效情景的最大覆盖选址模型

3.2.1 基于最坏节点失效情景的随机双层最大覆盖选址模型

本节研究当节点失效数目未知时为应急资源选址，建立基于最坏节点失效情景的最大覆盖为目标的可靠性选址模型。

相关参数：

a_i ：表示 i 点的需求；

d_{ij} ：表示需求点 i 与待选点 j 之间的距离；

d ：为覆盖半径；

J_i ：表示覆盖需求点 i 的设施集合，$J_i = \{j \in J \mid d_{ij} \leqslant d\}$ ，若 $J_i = \varnothing$ ，则需求点 i 不被覆盖；

r ：表示节点失效数目。

相关变量：

x_j ：表示 j 点被选址则为 1，否则为 0；

y_i ：表示在常规状态下，若需求点 i 被覆盖则为 1，否则为 0；

$y_i^{h_{rs}}$ ：表示在情景 h_{rs} 下，若需求点 i 被覆盖则为 1，否则为 0；

$z_j^{h_{rs}}$ ：表示在情景 h_{rs} 下，若 j 点设施失效则为 1，否则为 0，故 h_{rs} 为由 m 个 0～1 变量 $z_j^{h_{rs}}$ 构成的集合。

由此建立节点失效数目未知的双层规划选址模型 S - MCLP 为：

S - MCLP：

(U - P)：

$$\max_J p_0 w_0 + \sum_{r=1}^{R} p_r w_r \tag{3-21}$$

$$\text{s.t.}\ w_0 = \sum_{i \in N} a_i y_i \tag{3-22}$$

$$\sum_{j \in J} x_j = q \tag{3-23}$$

$$y_i \leqslant \sum_{j \in J_i} x_j, \ \forall i \in N \tag{3-24}$$

(L－P)：

$$w_r = \min_{h_{rs} \in H_r} \sum_{i \in N} a_i y_i^{h_{rs}} \tag{3-25}$$

$$\text{s.t.} \ \sum_{j \in J} z_j^{h_{rs}} = r, \ \forall r \in \{1, 2, \cdots, R\}, \ h_{rs} \in H_r \tag{3-26}$$

$$x_j \leqslant y_i^{h_{rs}} + z_j^{h_{rs}}, \ \forall i \in N, \ j \in J_i, \ h_{rs} \in H_r \tag{3-27}$$

$$z_j^{h_{rs}} \leqslant x_j, \ \forall j \in J, \ h_{rs} \in H_r \tag{3-28}$$

$$y_i^{h_{rs}} \leqslant \sum_{j \in J_i} x_j, \ \forall i \in N, \ h_{rs} \in H_r \tag{3-29}$$

$$x_j, \ z_j^{h_{rs}}, \ y_i, \ y_i^{h_{rs}} \in \{0, 1\} \tag{3-30}$$

以上为基于最坏节点失效情景的双层随机最大覆盖选址模型（The Bi－level Stochastic Maximal Covering Location Model）。

常规状态是指假设未来不发生节点失效情景，即节点失效数目 $r=0$；不确定状态是指综合考虑不发生节点失效情景以及发生节点失效情景，即节点失效数目 $r \in \{0, 1, \cdots, R\}$ 。上层规划目标函数式（3－21）表示在不确定性状态下最大化对需求的期望覆盖；约束式（3－22）表示常规状态下对需求的覆盖值；约束式（3－23）表示选 q 个点建设设施；约束式（3－24）表示在常规状态下时，需求只能被覆盖半径内已有设施覆盖；下层规划的目标式（3－25）表示基于上层选址结果，在最坏情景下对需求的覆盖值，即需求最小覆盖程度；约束式（3－26）表示在情景 h_{rs} 下，失效设施数目为 r ；约束式（3－27）表示在情景 h_{rs} 下，若需求点 i 没有被覆盖，则 J_i 内的设施必然失效或 $J_i=\varnothing$ ；约束式(3－28)表示若某待选点无设施则该点不可能发生设施失效；约束式（3－29）表示在情景 h_{rs} 下，需求只能被覆盖半径内已有设施覆盖；约束式（3－30）表示变量约束。

3.2.2 等价模型

为了降低随机双层最大覆盖模型求解难度，以下将 S－MCLP 分解为 R 个确定性最大覆盖模型（MCLP），通过贪婪算法求解确定性双层 MCLP 得到 S－MCLP 模型的上下界，减小问题规模，最后给出与 S－MCLP 等价的减小规模的随机最大覆盖模型。

3.2.2.1 问题上界

首先对于 r 在集合 $\{1, \cdots, R\}$ 中每取一个值，都对应一个失效设施数目确定的 MCLP 问题，求解这 R 个 MCLP 问题。确定性问题的解可构成 S－MCLP 的上界。

确定性问题（MCLP）上层规划：

$$\max_{J} \ w_r \tag{3-31}$$

$$\text{s. t.} \ \sum_{j \in J} x_j^r = q \tag{3-32}$$

下层规划：

$$w_r = \min_{h_n \in H_r} \sum_{i \in N} a_i y_i^{h_n} \tag{3-33}$$

$$\text{s. t.} \ \sum_{j \in J} z_j^{h_n} = r, \ \forall r \in \{1, 2, \cdots, R\}, \ h_{rs} \in H_r \tag{3-34}$$

$$x_j^r \leqslant y_i^{h_n} + z_j^{h_n}, \ \forall i \in N, \ j \in J_i, \ h_{rs} \in H_r \tag{3-35}$$

$$z_j^{h_n} \leqslant x_j^r, \ \forall j \in J, \ h_{rs} \in H_r \tag{3-36}$$

$$y_i^{h_n} \leqslant \sum_{j \in J_i} x_j^r, \ \forall i \in N, \ h_{rs} \in H_r \tag{3-37}$$

$$x_j^r, \ z_j^{h_n}, \ y_i^{h_n} \in \{0, 1\} \tag{3-38}$$

设确定性问题解为 $\bar{x}_j^r$，$\bar{y}_i^{h_n}$，$\bar{z}_j^{h_n}$，目标值为 $\bar{w}_r$，$\bar{w}_r$ 为 w_r 上界，因此去掉 S－MCLP 中那些 $\sum_{i \in N} a_i y_i^{h_n}$ 大于上界 $\bar{w}_r$ 的情景，故令：

$$H_r' = H_r \setminus \{h_{rs} \mid \sum_{i \in N} a_i y_i^{h_n} > \bar{w}_r\}, \ r \in \{1, 2, \cdots, R\}$$

3.2.2.2 问题下界

将 $\bar{x}_j^r$ 代入S-MCLP问题，设此时模型解为 $\underline{w}_{rl}$，$\underline{w}_{r0}$，其中，$l \in \{1, 2, \cdots, R\}$ 为失效节点设施数，$\underline{v}_r = \sum_{l=0}^{R} p_l \underline{w}_{rl}$ 。令S-MCLP问题的最优目标值 $v^* = \sum_{r=0}^{R} p_r w_r^*$ ，$\underline{v}_{r_0} = \max_{r \in 1, 2, \cdots, R} \underline{v}_r$。因为 $\underline{v}_r \leqslant v^*$ ，所以 $\sum_{l=0}^{R} p_l \underline{w}_{r_0 l} = \underline{v}_{r_0} \leqslant v^* = \sum_{r=0}^{R} p_l w_l^*$ 。因此 $\sum_{l=0}^{R} p_l \underline{w}_{r_0 l}$ 为目标函数的一个下界，去掉目标值小于 $\sum_{l=0}^{R} p_l \underline{w}_{r_0 l}$ 的那些选址方案，即 $x_j \notin X$ ，

$$X = \{x_j \mid v(x_j) = \sum_{r=0}^{R} \sum_{i \in N} p_r a_i y_i^{h_n} < \sum_{l=0}^{R} p_l \underline{w}_{r_0 l}\}, (j \in J)$$

3.2.2.3 减小规模的双层随机最大覆盖选址模型

以 H_r' 代替S-MCLP中 H_r ，且 $x_j \notin X$ ，得到如下减小规模模型。

RS-MCLP：

(U-P)：

$$\max_{J} \ v \tag{3-39}$$

$$\text{s.t.} \ v = p_0 w_0 + \sum_{r=1}^{R} p_r w_r \tag{3-40}$$

$$w_0 = \sum_{i \in N} a_i y_i \tag{3-41}$$

$$\sum_{j \in J} x_j = q \tag{3-42}$$

$$y_i \leqslant \sum_{j \in J_i} x_j, \ \forall i \in N \tag{3-43}$$

$$v \geqslant \sum_{l=0}^{R} p_l \underline{w}_{r_0 l} \tag{3-44}$$

(L－P)：

$$w_r = \min_{h_{rs} \in H_r'} \sum_{i \in N} a_i y_i^{h_{rs}} \quad (3-45)$$

$$\text{s.t.} \sum_{j \in J} z_j^{h_{rs}} = r, \ \forall r \in \{1, 2, \cdots, R\}, \ h_{rs} \in H_r' \quad (3-46)$$

$$x_j \leqslant y_i^{h_{rs}} + z_j^{h_{rs}}, \ \forall i \in N, \ j \in J_i, \ h_{rs} \in H_r' \quad (3-47)$$

$$z_j^{h_{rs}} \leqslant x_j, \ \forall j \in J, \ h_{rs} \in H_r' \quad (3-48)$$

$$y_i^{h_{rs}} \leqslant \sum_{j \in J_i} x_j, \ \forall i \in N, \ h_{rs} \in H_r' \quad (3-49)$$

$$x_j, \ z_j^{h_{rs}}, \ y_i, \ y_i^{h_{rs}} \in \{0, 1\} \quad (3-50)$$

RS－MCLP 规模大幅减小，可用 3.2.3 中提到的方法求解，如下层目标化为约束 $w_r \leqslant \sum_{i \in N} a_i y_i^{h_{rs}}$，$\forall h_{rs} \in H_r'$，从而将问题转化为单层规划通过数学软件直接求解，还可以采用隐式枚举树搜索算法求解。

3.2.3 求解覆盖模型的贪婪取走算法

由于求 S－MCLP 上下界时，需要求解 R 个确定性最大覆盖(MCLP) 双层规划模型，此时采用贪婪算法求解。具体算法步骤如下：

Step1：初始化，令 $U = \varnothing$，$K = \varnothing$，$t = 1$；

Step2：从待选设施集合中选一点，使最大覆盖需求，即 $j_t' = \arg\{j \in J \mid \max_J \sum_{i \in N} a_i y_i\}$，令 $J = J - \{j_t'\}$，$U = U + \{j_t'\}$，$K = \{i \in N \mid d_{iU} \leqslant d\}$，其中，$d_{iU}$ 表示需求点 $i(i \in N)$ 与集合 U 之间的距离，$d_{iU} = \min_{j \in U} d_{ij}$。$N = N - K$；

Step3：若 $|U| = q$，转下步。否则，令 $t = t + 1$，转 Step2。

Step4：令 $k = 1$，$U = \{j_1', j_2', \cdots, j_q'\}$，$w_r = \min_{h_{rs} \in H_r} \sum_{i \in N} a_i y_i^{h_{rs}}$；

Step5：$\forall j \in J - U$，$j_k' \in U$，若对应集合 $U - \{j_k'\} + \{j\}$，失效情景集表示为 $H_r^{U-\{j_k'\}+\{j\}}$，令 $w_r' = \min_{h_{rs} \in H_r^{U-\{j_k'\}+\{j\}}} \sum_{i \in N} a_i y_i^{h_{rs}}$，$w_r'' = \max_{j \in J - S} w_r'$，若 $w_r'' > w_r$，令 $U = U - \{j_k'\} + \{j\}$，$J = J - \{j\} + \{j_k'\}$，$w_r = w_r''$，转下

一步；若 $w_r'' \leqslant w_r$，转下一步；

Step6：若 $k=q$，停止，输出 U，w_r；否则令 $k=k+1$，转 Step5。

3.3 算例应用

本节以算例验证模型的合理性。某市 6 个区每区有一个医院建设待选点，待选点集合表示为 $J=\{1, 2, \cdots, 6\}$，J 同时又为需求点集，需求与各区人口数成正比，如图 3-1 所示。已有三所三甲医院，分别位于 1、2、3 的位置。现在分别以最小费用模型和最大覆盖模型为该市三所医院重新选址，然后将新建模型的选址结果以及原有选址进行对比，评估原有三所三甲医院选址的优劣，验证所建模型的合理性，并给出未来新增选址方案。假设最多两个设施失效（即 $R=2$）。这里所说的医院失效还包括由于突发事件造成需求急增，医患比例失调，大量需求无法被服务。待选点与用户的距离，以及每个设施建设点的选址费用，用户的需求，如表 3-1 所示。假设设施失效时造成的固定损失与建设费用成正比，即 $g_j=\frac{1}{10}f_j$。

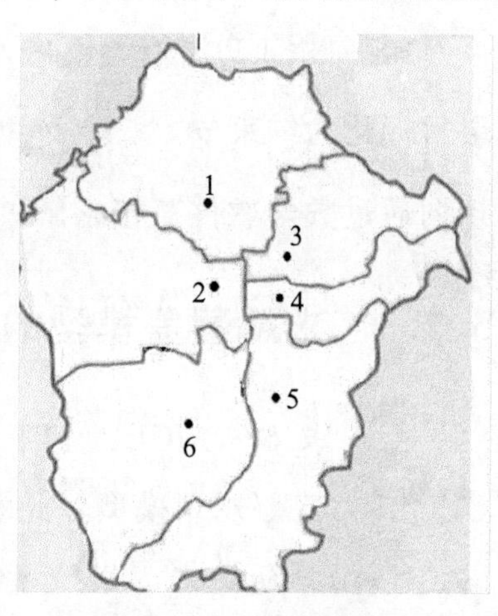

图 3-1　某地行政区划

因为未来是否发生设施失效具有不确定性，故分为不确定状态（$r \in \{0, 1, \cdots, R\}$）和常规状态（$r=0$）两种情况，分别分析比较模型 M、模型 G-M（$r=1$）、模型 G-M（$r=2$）、模型 B-M、S-MCLP 的合理性。首先对以最小费用为目标所建模型选址结果与原有选址结果进行比较分析；其次以最大覆盖模型的选址结果与原选址结果进行比较；最后综合分析，给出新增选址方案。

表 3-1 为各待选点之间的距离，以及各区的需求数，覆盖半径 $d=$ 10km。

表 3-1 **选址参数** 单位：千米

	待选点 1	待选点 2	待选点 3	待选点 4	待选点 5	待选点 6
待选点 1	0	13.2	13.5	14.2	36	33.2
待选点 2	13.2	0	9.8	5.3	21.2	19.4
待选点 3	13.5	9.8	0	5.3	32.2	37.8
待选点 4	14.2	5.3	5.3	0	28.5	35.1
待选点 5	36	21.2	32.2	28.5	0	10.1
待选点 6	33.2	19.4	37.8	35.1	10.1	0
需求	340232	559820	522778	472869	494597	181538

3.3.1 最小费用模型选址结果

通过模型 M、模型 G-M（$r=1$）、模型 G-M（r=2）、模型 B-M 为医院重新选址，对结果进行分析，并与原有选址结果比较，验证所建模型——G-M（$r=1$）、模型 G-M（$r=2$）和模型 B-M 的合理性。

现分两种情况进行比较：一是在不确定状态下进行比较：将经典选址模型——模型 M，与在信息部分缺失情况下考虑节点失效情景的选址模型——G-M（$r=1$）模型和 G-M（$r=2$）模型、B-M 模型，当设施失效概率取不同值时，对应的选址结果以及相应的费用进行比较，具体如表 3-2 所示。二是在常规状态下进行比较：以 G-M（$r=1$）模型和 G-M（$r=2$）模型、B-M 模型在不确定性状态下的选址结果，计算在未发生设施失效情况下的相应费用，并与原有选址以及经典选址模型的选址结果进行比较，具体如表 3-3 所示。

表 3-2　　不确定状态下的期望费用　　单位:元

	模型 M		模型 G-M				模型 B-M		原选址	
失效概率	—	—	G-M（$r=1$）		G-M（$r=2$）		—	—	—	—
p	选址	期望费用	选址	期望费用	选址	期望费用	选址	总费用	选址	期望费用
0.001	3,4,5	9121856.899	2,3,5	10367542.31	2,3,4	20028570.91	3,4,5	9121856.899	1,2,3	18053950.17
0.003	3,4,5	9245148.215	2,3,5	10441435.85	2,3,4	20088942.64	1,4,5	9236683.377	1,2,3	18134879.53
0.005	3,4,5	9368619.22	2,3,5	10515875.1	2,3,4	20149235.37	1,4,5	9347292.212	1,2,3	18215843.25
0.01	3,4,5	9678053.757	2,3,5	10704324.54	2,3,4	20299609.2	1,4,5	9625023.519	1,2,3	18418383.37
0.03	3,4,5	10925359.08	2,3,5	11490163.4	2,3,4	20895461.13	1,4,5	10751887.91	1,2,3	19229578.43
0.05	3,4,5	12184645.24	2,3,5	12323137.12	2,3,4	21480872.41	1,4,5	11900693.84	1,2,3	20040203.63
0.08	3,4,5	14086335.87	2,3,5	13648927.04	2,3,4	22335297.11	2,3,5	13648927.04	1,2,3	21248582.9
0.1	3,4,5	15356168.74	2,3,5	14575640.85	2,3,4	22886374.78	2,3,5	14575640.85	1,2,3	22044803.33
0.15	3,4,5	18505545.55	2,3,5	17002252.11	2,3,4	24185463.1	2,3,5	17002252.11	1,2,3	23980940.75
0.2	3,4,5	21563470.7	2,3,5	19516909.9	2,3,4	25348737.35	2,3,5	19516909.9	1,2,3	25802258.25
0.25	3,4,5	24460639.24	2,3,5	22033553.25	2,3,4	26346797.52	2,3,5	22033553.25	1,2,3	27462398.21
0.3	3,4,5	27127746.2	2,3,5	24466121.17	2,3,4	27150243.59	2,3,5	24466121.17	1,2,3	28915002.99
0.35	3,4,5	29495486.63	2,3,5	26728552.68	2,3,4	27729675.55	2,3,4	25472453.68	1,2,3	30113714.95
0.5	3,4,5	34109459.08	2,3,5	31634418.84	2,3,4	27829886.61	2,3,4	25921837.69	1,2,3	31722917.58

表3-2表示在不确定状态下，设施失效概率取不同值时，模型M、G-M（$r=1$）、G-M（$r=2$）、B-M以及原有选址的选址结果和相应的费用。图3-2为在不确定状态下，上述模型的选址随着设施失效概率的增大总费用变化趋势。表3-3为在常规状态下，上述模型的选址结果以及相应的费用。图3-3为在常规状态下，上述模型的选址随着设施失效概率的增大总费用变化趋势。

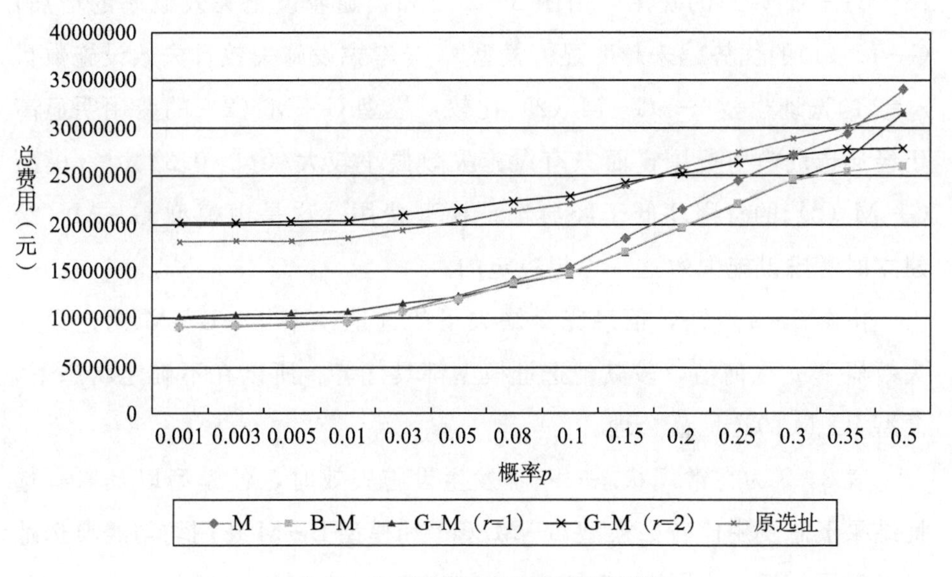

图3-2　各模型不确定状态下的总费用

首先比较已有选址结果与模型M、模型G-M（$r=1$）、模型G-M（$r=2$）、模型B-M选址结果。由表3-2可知，原选址除了当$p<0.2$时比G-M（2）费用低以外，较其他所有模型总费用均比较高。由此得到原选址模型在不确定状态下不太合理，需要调整。

其次比较经典选址模型——模型M与设施失效数目不确定的选址模型——模型B-M的选址结果。由表3-2可知，当设施失效概率$p=0.001$时，经典选址模型——模型M与信息完全缺失下的选址模型——模型B-M费用相同；当设施失效概率$p>0.003$时，模型M比模型 B－M 费用均高；由图 3－2 知，随着概率值的增加，两者之间的费用差距呈增大趋势，B－M 模型费用增长较缓。

最后比较模型 M 与设施失效数目不确定的选址模型——G－M（1）和 G－M（2）选址结构。模型 M 与考虑设施失效且失效设施数目 $r=1$ 的选址模型——G－M（1）比较，当设施失效概率 $p \leqslant 0.05$ 时，模型 M 的费用比模型 G－M（1）的费用低；而当 $p > 0.05$，模型 M 的费用高于 G－M（1）的费用，由图 3－2 可知，随着设施失效概率的增加，G－M（1)的优势越来越明显。模型 M 与考虑设施失效且失效设施数目 $r=2$ 的选址模型——G－M（2）比较，模型 G－M（2）的费用明显高于经典选址模型费用；而只有设施失效概率较大（$p>0.3$）时，模型 G－M（2）的费用才低于经典选址模型费用，这是由模型 G－M（2）建立时考虑设施失效这一思想决定的。

由图 3－2 可知，信息完全缺失下的选址模型——B－M 无论设施失效概率 p 取何值，较其他选址模型都具优势。所以在不确定状态下，模型 B－M 的选址最合理。

表 3－3 为在常规状态——不发生设施失效时，各模型以及原有选址结果下总费用比较。模型 G－M（1）和模型 B－M 费用均与经典选址模型费用相近。由图 3－3 知道，只有 $p>0.35$ 时，模型 B－M 费用陡增。但是现实当中，设施发生失效概率较低，所以在常规状态下所建模型 G－M（$r=1$）模型，B－M 模型依然合理。而 G－M（2）模型和原选址费用明显较高，原选址需要调整。

表 3-3　　常规状态下的总费用　　单位:元

	模型 M		模型 G-M				模型 B-M		原选址(1,2,3)	
失效概率	—	—	G-M ($r=1$)		G-M ($r=2$)		—	—	—	—
p	选址	总费用	选址	总费用	选址	总费用	选址	总费用	选址	总费用
0.001	3,4,5	9060280.01	2,3,5	10330801.9	2,3,4	19998356	3,4,5	9060280.01	1,2,3	18013499
0.003	3,4,5	9060280.01	2,3,5	10330801.9	2,3,4	19998356	1,4,5	9071303.2	1,2,3	18013499
0.005	3,4,5	9060280.01	2,3,5	10330801.9	2,3,4	19998356	1,4,5	9071303.2	1,2,3	18013499
0.01	3,4,5	9060280.01	2,3,5	10330801.9	2,3,4	19998356	1,4,5	9071303.2	1,2,3	18013499
0.03	3,4,5	9060280.01	2,3,5	10330801.9	2,3,4	19998356	1,4,5	9071303.2	1,2,3	18013499
0.05	3,4,5	9060280.01	2,3,5	10330801.9	2,3,4	19998356	1,4,5	9071303.2	1,2,3	18013499
0.08	3,4,5	9060280.01	2,3,5	10330801.9	2,3,4	19998356	2,3,5	10330801.9	1,2,3	18013499
0.1	3,4,5	9060280.01	2,3,5	10330801.9	2,3,4	19998356	2,3,5	10330801.9	1,2,3	18013499
0.15	3,4,5	9060280.01	2,3,5	10330801.9	2,3,4	19998356	2,3,5	10330801.9	1,2,3	18013499
0.2	3,4,5	9060280.01	2,3,5	10330801.9	2,3,4	19998356	2,3,5	10330801.9	1,2,3	18013499
0.25	3,4,5	9060280.01	2,3,5	10330801.9	2,3,4	19998356	2,3,5	10330801.9	1,2,3	18013499
0.3	3,4,5	9060280.01	2,3,5	10330801.9	2,3,4	19998356	2,3,5	10330801.9	1,2,3	18013499
0.35	3,4,5	9060280.01	2,3,5	10330801.9	2,3,4	19998356	2,3,4	19998356	1,2,3	18013499
0.5	3,4,5	9060280.01	2,3,5	10330801.9	2,3,4	19998356	2,3,4	19998356	1,2,3	18013499

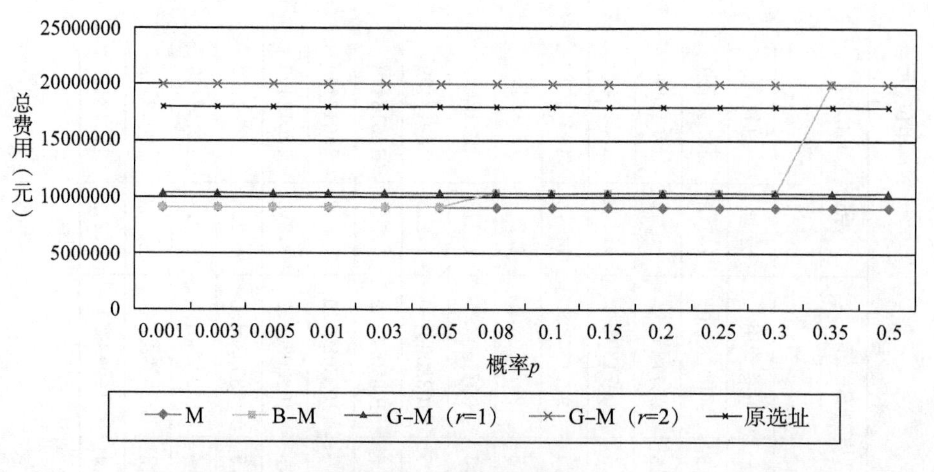

图 3-3 常规下总费用

由以上分析可知，原有选址模型无论哪种状态下，费用均很高，需要进行调整。而在所建模型中，G-M（2）模型在不确定性状态下，只有在极端情况下，即当设施失效概率较大时，才较为合理。而模型 G-M（1）和模型 B-M 无论在不确定性状态下还是在常规状态下，费用均较低，所以模型 G-M（1）和模型 B-M 较经典模型更合理。待选地址 5 在模型 G-M（1）和模型 B-M 中，无论 p 为何值，都被选址，所以如果从经济效益角度考虑，未来新增选址为区域 5。

3.3.2 最大覆盖选址模型选址结果

从最大覆盖需求角度，运用 S-MCLP 为医院重新选址，通过比较新选址和旧选址结果下对需求的覆盖率，验证模型的合理性，给出基于最大覆盖选址模型选址结果的调整方案。表 3-4 为设施失效概率 p 取不同值时，由 S-MCLP 模型得到的医院新选址结果，以及新旧选址在不确定状态和常规状态下对需求的覆盖率。

表 3-4　新旧选址的覆盖区域和覆盖率

失效概率	模型 S-MCLP					原选址（1,2,3）			
	不确定状态			常规状态		不确定状态		常规状态	
p	选址	覆盖需求值	覆盖率（%）	覆盖区域	覆盖率（%）	覆盖需求值	覆盖率（%）	覆盖区域	覆盖需求值
0.001	1,2,5	2385631.8239	92.76	1,2,3,4,5	92.94	1894671.8387	73.67	1,2,3,4	73.32%
0.003	1,2,5	2376336.9714	92.40	1,2,3,4,5	92.94	1892626.2166	73.59	1,2,3,4	73.32%
0.005	1,2,5	2367029.9076	92.04	1,2,3,4,5	92.94	1890518.7151	73.51	1,2,3,4	73.32%
0.01	1,2,5	2343949.3445	91.14	1,2,3,4,5	92.94	1885231.2891	73.30	1,2,3,4	73.32%
0.03	1,2,5	2253143.8434	87.61	1,2,3,4,5	92.94	1862762.8621	72.43	1,2,3,4	73.32%
0.05	1,2,5	2164819.1619	84.17	1,2,3,4,5	92.94	1838320.4283	71.48	1,2,3,4	73.32%
0.08	1,2,5	2036888.4934	79.20	1,2,3,4,5	92.94	1798139.2655	69.92	1,2,3,4	73.32%
0.1	1,2,5	1954575.495	76.00	1,2,3,4,5	92.94	1769129.316	68.79	1,2,3,4	73.32%
0.15	2,3,5	1793094.26525	69.72	2,3,4,5	79.71	1689438.168	65.69	1,2,3,4	73.32%
0.2	2,3,5	1694413.408	65.88	2,3,4,5	79.71	1600559.488	62.23	1,2,3,4	73.32%
0.25	2,3,5	1590636.09375	61.85	2,3,4,5	79.71	1503805.78125	58.47	1,2,3,4	73.32%
0.3	2,3,4	1513469.391	58.85	2,3,4	60.48	1400489.552	54.45	1,2,3,4	73.32%
0.35	2,3,4	1488776.3524	57.89	2,3,4	60.48%	1291923.30475	50.23	1,2,3,4	73.32%
0.5	2,3,4	1361033.625	52.92	2,3,4	60.48	947849.5	36.86	1,2,3,4	73.32%

图 3-4 表示在不确定状态下，新选址和旧选址对需求的覆盖率。由图 3-4 可知，随着设施的失效概率 p 的不断增大，两个选址结果下对需求的覆盖率都呈递减趋势，但是无论每个设施的失效概率 p 为何值，旧选址对需求的覆盖率都比新选址的覆盖率低，所以新选址较旧选址合理。

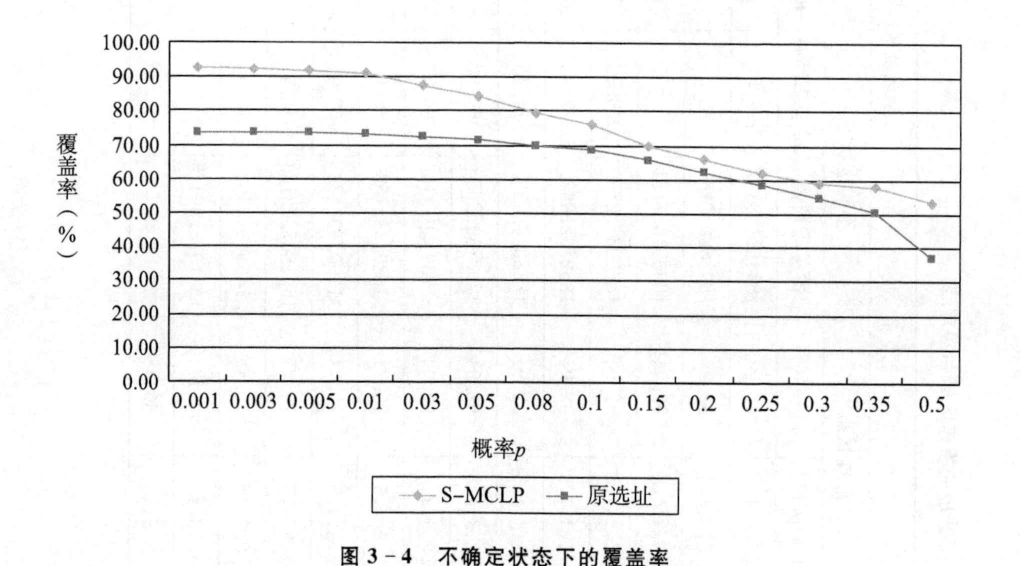

图 3-4　不确定状态下的覆盖率

图 3-5 表示在常规状态下，新选址和旧选址对需求的覆盖率。由图 3-5 可知，当 $p \leqslant 0.1$ 时，新选址下的覆盖率明显高于旧选址下的覆盖率，选址结果为 1、2、5 区，由图 3-1 可知，选址较分散；此时除区域 6 未被覆盖以外，其余区域都被覆盖，而且均只被覆盖一次，覆盖率较高。当 $0.1 < p \leqslant 0.25$ 时，新选址下的覆盖率虽然有所下降，但依然高于旧选址下的覆盖率，选址结果为 2、3、5 区；此时 1、6 区未被覆盖，而 2、3、4 区被覆盖两次。当 $p > 0.25$ 时，新选址为 2、3、4 区，由图 3-1 知选址较聚集；1、5、6 区未被覆盖，2、3、4 区被多次覆盖；由于选址较聚集，造成覆盖率降低，甚至低于旧选址的覆盖率，但是，覆盖率依然可达到 60% 以上，即依然可以保证绝大多数需

求被覆盖。由以上分析说明，在常规状态下随着设施失效概率 p 的增加，新选址由分散趋于密集，被覆盖区域变少，但是出现多次覆盖，这样可以保证当发生突发事件设施失效时区域依然可以被覆盖，提高了系统的可靠性。

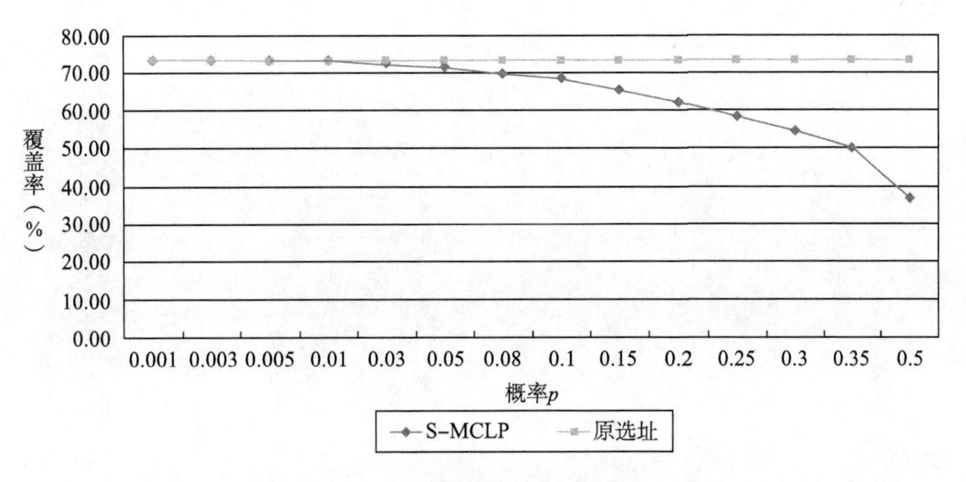

图 3-5 常规状态下的覆盖率

总之，无论以总费用最小为目标进行选址，还是以最大覆盖需求为目标进行选址，考虑设施失效的选址模型结果均优于原有选址模型结果，而且给出相同的未来新增选址方案——区域 5 被选址，所以未来可在区域 5 新建医院。

3.4 小结

本章首先考虑到未来设施可能失效，而且失效设施数目具有不确定性，基于节点失效情景，分别以最小费用为目标和最大覆盖需求为目标，建立了应急资源选址的随机双层规划模型。从最小费用角度，分别建立了关于 r 确定的双层规划模型——模型 G-M 和关于 r 不确定的双层规划模型——B-M，并采用贪婪取走算法与改进的贪婪取走算法相结合，求解双层规划模型。从覆盖需求角度，建立了r不确定的双层规划模型——S-MCLP。通过算例说明，选址时考虑设施失效更节约成本，可靠性更高，更具有现实意义。最后给出未来新增医院选址的建议。

4 基于设施失效情景的应急资源选址DEA评估

应急管理由应急准备、应急响应、恢复重建、预防减灾四部分构成，其中应急准备是支撑应急全过程的核心，应急准备是指为有效应对突发事件，提高应急管理能力而采取的各种措施与行动的总称，包括意识、组织、机制、预案、队伍、资源、培训演练等各种准备。应急准备已经从应急管理过程的一个环节演化为一种支撑应急全过程的基础性行动，为了检验应急准备是否充分，需要进行应急评估。

评估是为了决策，而决策离不开评估，通过应急评估可以确保应急管理工作的有效性，可以为后续开展应急工作提供修改意见。应对突发事件的应急能力评估是应急评估中的一个重要内容，应急能力评估是指人力、组织机构、手段和资源等应急因素的完备性、协调性，以及最大限度减轻灾害损失的综合能力的评估。

应急资源的配置与布局、配送与调度的有效性，在很大程度上影响应急处置的效率，因此，应急资源的合理布局是有效应对非常规突发事件的决定性因素，是应急处置过程当中开展一系列活动的基础，所以在研究应急能力评估时，要研究应急资源布局评估。应急评估包含应急能力评估，而应急能力评估包含应急资源布局评估，三者关系如图4－1所示。

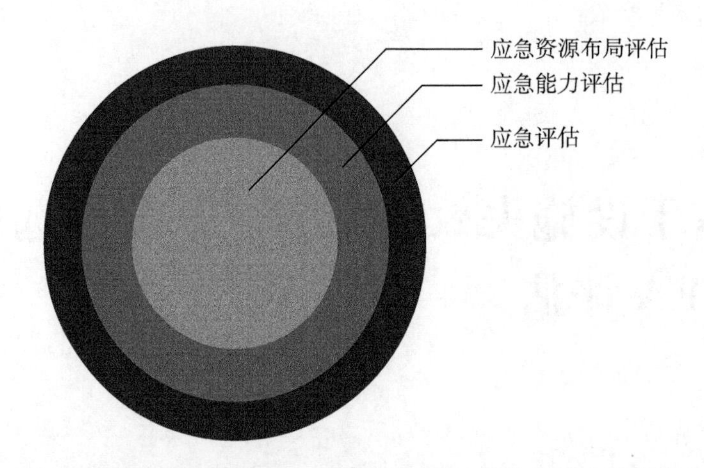

图 4-1　应急资源布局评估、应急能力评估、应急评估三者的关系

应急资源是为了应对突发事件，保障人民生命财产安全而准备的保障性资源，有人、财、物、信息等存在形式。在自然灾害等非常规突发事件的应对中，应急资源的需求具有突发性、紧迫性、多样性、巨量性特点。应急资源管理研究包括应急资源的布局、调度和补充。应急资源布局是长期战略性问题，包括选址和配置两方面的内容，特别是应急资源选址问题，一旦选址，短时间内无法改变，或者即使再改变，一般需要花费较多的人力和物力，所以需要重点研究。在研究应急资源选址时，必须全面综合考虑影响选址的各种因素，做到合理布局。

应急评估按照时间阶段划分可分为灾前评估、灾中评估和灾后评估。灾前评估是灾害发生之前的预测估计与能力评估；灾中评估是灾害发生过程中的灾情评估与灾情监测；灾后评估是灾害发生之后的损失评估与重建评估。应急资源的选址评估属于灾前评估。通过评估既可以检验选址的合理性，又可以对不合理的选址进行调整，这样通过选址—评估—调整的过程，提高应急资源选址的合理性。

基于设施失效情景的应急资源选址较传统选址具有可靠性更高、

覆盖率更大、节约成本等优点，所以进行应急资源选址评估时也要基于设施失效情景。本章研究基于设施失效情景的应急资源的可靠性选址评估问题。

在进行应急资源选址评估时，评估方法的选取是进行评估的第一环节。本书综合分析定性与定量相结合的评估方法，根据应急资源选址的需要考虑多个因素，具有多输入/多输出的特点，选取数据包络法进行评估。而评估指标体系的确立在评估过程当中占据重要地位，是采用该方法进行评估时必须要深入探讨的重要内容，所以对基于设施失效情景的应急资源选址 DEA 评估指标体系的确立进行了进一步研究。最后将该评估方法用于评估第 3 章中基于节点失效情景的应急资源选址，通过应急资源选址评估，验证选址的合理性，并对不合理的选址进行调整，使应急资源选址更加科学。

4.1 应急资源选址评估方法选取

为了给出客观科学的评估结果，需要选用恰当的评估方法，评估方法是实现评估目的的技术手段，评估目的、评估对象与评估方法的匹配是体现评估科学性的重要方面。

目前评估方法很多，依据评估方法所用数据为定性表述或是定量表述，可将评估方法大致归为三类：定性评估方法、定量评估方法、定性与定量相结合的评估方法，如图 4-2 所示。定性评估法就是评估人员根据其自身的知识、经验和综合分析判断能力，在对评估对象进行深入调查、了解的基础上，对照评估参考标准，对各项评估指标的内容进行分析判断，形成定性评估结论。由于该方法太过依赖于评估人的主观判断，往往使评估结果出现错误。定量评估方法虽然客观，但舍弃了那些无法量化的信息，可能导致评估结果不符合实际，与专家的经验和知识以及人们的直觉思维相悖。而定性与定量相结合的评估方法，克服了以上两种方法的缺陷。

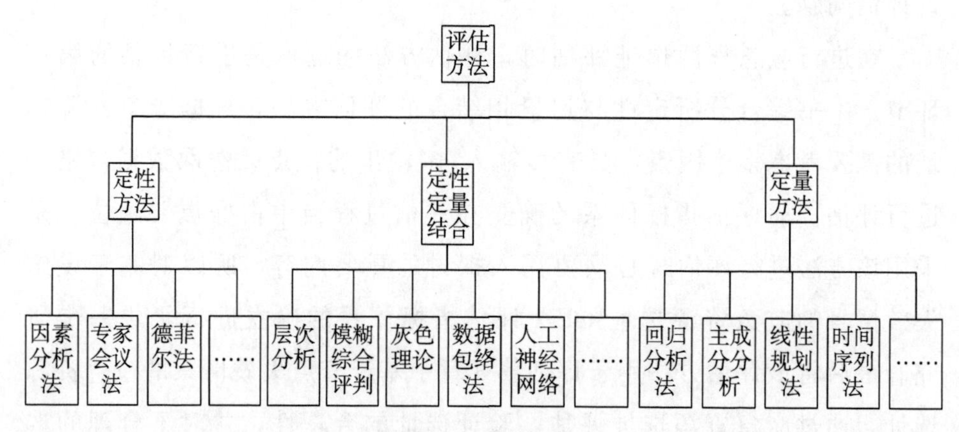

图 4-2 评估方法

4.1.1 评估方法综述

几种常用的定性与定量相结合评估方法有：层次分析法、模糊综合评判法、数据包络分析法（DEA）、人工神经网络方法、灰色综合评估方法。以下具体分析比较各种评估方法。

（1）层次分析法（Analytic Hierarchy Process，AHP）。这是一种定性与定量相结合的多准则决策评估方法。它把复杂问题表示为有序递阶层次结构，通过人们的判断对决策方案的优劣进行排序。AHP的特点是将人们的思维过程数学化、模型化、系统化、规范化，便于人们接受。优点是：完全依靠主观评估做出方案的优劣排序，所需数据少，决策花费时间短；不足之处：人的主观判断、选择、偏好对结果的影响极大，所以要求评估者对被评估问题的本质，以及评估要素及其相互关系有充分的了解，遇到因素众多、规模较大的问题时，该方法容易出现问题。

AHP 广泛应用于社会经济系统的决策分析中。如用于企业经济效益综合评估、风险投资项目评估与决策、物流中心选址评估、应急物资储备方式评估、军事保障能力评估、机场应急能力评估等。

(2) 模糊综合评判法。这是利用模糊集合理论进行评估的一种方法。该方法应用模糊关系合成的原理，从多个因素对被评判事物隶属等级状况进行综合性评判。优点是可对涉及模糊因素的对象或系统进行综合评估。

不足之处：①不能解决评估指标间相关造成的评估信息重复问题；②隶属度函数的确定还没有系统的方法，而且合成的算法也有待进一步探讨；③大量运用人的主观判断，各因素权重的确定带有一定的主观性；④对于复杂系统，由于需要考虑因素较多容易出现问题，如权数分配难以确定，或者结果没有价值。

模糊综合评判法应用于经济和社会等领域。比如用于物流中心选址、企业技术创新能力评估、质量经济效益评估、人事考核、应急能力评估。邓爱民认为运用模糊评估与灰色理论相结合的模糊灰色综合评估方法，对应急物流能力进行评估。

(3) 灰色综合评估方法。其研究对象是“部分信息已知，部分信息未知”的“贫信息”不确定性系统。灰色关联度分析是灰色系统理论应用的主要方面之一。在系统数据资料较少和条件不满足统计要求的情况下，更具有实用性。优点是：整个计算过程简单，通俗易懂，易于为人们所掌握，数据不必进行归一化处理，可用原始数据直接计算，可靠性强。不足是：①要求样本数据具有时间序列特性；②只是对评判对像的优劣做出鉴别，并不反映绝对水平，具有“相对评估”的所有缺点；③指标体系以及权重分配选择恰当与否直接影响最终评估结果。

灰色综合评估方法应用于社会、经济、管理中，如用于后勤绩效评估、煤矿企业经济效益评估、企业客户满意度评估。

（4）人工神经网络评估法。既能充分考虑评估专家的经验和直觉思维的模式，又能降低综合评估过程中的不确定性因素，结果比较符合实际。应用中遇到的问题是不能提供解析表达式，权值不能解释为一种回归系数，也不能用来分析因果关系，在理论和实际中都不能解释权重的意义；评估算法较复杂，人们只能借助计算机进行处理，但此方面的商品化软件还不够成熟。

人工神经网络评估法应用于经济效益评估、人才需求量预测、高技术项目投资风险评估、企业信用评估等。

（5）数据包络法。1978 年著名运筹学家 A. Charnes 和 W. Cooper（威廉·库珀）等学者提出了基于相对效率的多投入多产出分析法——数据包络分析法（Data Envelopment Analysis，DEA）。根据输入、输出数据对同类型部门或单位（决策单元），例如，对类型相同的高等学校、医院以及政府等工作性质相同的职能部门等进行相对效率与效益方面的评估，是处理多目标问题的好方法。它应用数学模型计算比较决策单元之间的相对效率，对被评估对象做出评估。

数据包络法的特点是完全基于指标数据的客观信息进行评估，剔除了人为因素带来的误差。优点是：①可以评估多输入/多输出的大系统；②可用“窗口”技术找出单元薄弱环节加以改进；③不需要预先给出权重。缺点是只表明评估单元的相对发展指标，无法表示出实际发展水平。致命缺陷是，由于各个决策单元是从最有利于自己的角度分别求权重的，导致这些权重随 DMU（决策单元）的不同而不同，从而使得每个决策单元的特性缺乏可比性。常用方法是在实现评估目标的大前提下，设计多个输入/输出指标体系，在对各体系进行分析后，将结果放在一起进行分析比较。

数据包络法常应用于评估非赢利部门，如工业各行业科技发展评估、企业技术创新评估、城市发展可持续性评估、应急物资保障能力评估。邢鑫鑫认为应用数据包络法选择应急物流方案，基于数据包络法的模糊综合评估方法，以专家打分作为数据包络法评估的原始数据，利用隶属度函数把数据包络法评估结果模糊化构造隶属度矩阵，既能客观地体现各指标因素的相对有效性，又能很好地表现出评估的模糊性和不确定性。方磊从应急系统中应急资源的投入产出进行整体上相对效率考虑，提出新的资源优化配置的非参数偏好数据包络法模型，对应急系统中应急资源总体利用情况进行评估，指出数据包络法用于应急评估当中，在当前加强应急管理、提高应急资源配置和利用效率的背景下具有很强的现实意义。

总之，层次分析法、灰色综合评估方法以及模糊综合评判法共同的不足之处是人的主观判断会影响最终评估结果。而人工神经网络评估法评估算法复杂性高，缺乏相应的商业计算软件。常用定性与定量相结合的评估方法综合分析对比，如表 4－1 所示。

表 4－1　常用定性与定量相结合评估方法对比

方法	特点	优点	缺点	应用领域
层次分析法	人们的思维过程数学化、模型化、系统化、规范化	完全依靠主观评估做出方案的优劣排序，所需数据少，决策花费时间短	依赖主观判断，不适合处理大规模问题	企业经济效益综合评估、风险投资项目评估、应急物流保障能力评估等
模糊综合评判法	应用模糊关系合成原理，从多个因素对被评判事物隶属等级状况进行综合性评判	可对涉及模糊因素的对象或系统进行综合评估	不能解决评估指标间相关造成的评估信息重复；大量运用人的主观判断，各因素权重的确定带有一定的主观性	应用于经济和社会领域中，如应急物流能力评估、企业技术创新能力评估、质量经济效益评估、人事考核

续 表

方法	特点	优点	缺点	应用领域
灰色综合评估方法	对象是“部分信息已知，部分信息未知”的“贫信息”不确定性系统	计算过程简单，通俗易懂，易于为人们所掌握；数据不必进行归一化处理，可靠性强	要求样本数据具有时间序列特性；具有“相对评估”的所有缺点；指标体系以及权重分配选择直接影响最终评估结果	应用于社会、经济、管理中，如后勤绩效评估、煤矿企业经济效益评估、企业客户满意度评估
人工神经网络评估法	全信息联想特征，高速运算能力，很强的适用能力，具有自学、自组织潜力	能充分考虑评估专家的经验和直觉思维的模式，又能降低综合评估过程中的不确定性因素，结果比较符合实际	不能提供解析表达式，在理论和实际中都不能解释权重的意义；评估算法较复杂，商品化软件不成熟	应用于经济效益评估、人才需求量预测、高技术项目投资风险评估、企业信用评估
数据包络法	基于相对效率的多投入/多产出分析法，应用数学模型计算比较决策单元之间的相对效率，对评估对象做出评估	完全基于指标数据的客观信息进行评估，剔除了人为因素带来的误差	只表明评估单元的相对发展指标，无法表示出实际发展水平；决策单元缺乏可比性	常用于评估非赢利部门，如工业行业科技发展评估、企业技术创新评估、城市发展可持续性、应急保障能力评估

4.1.2 评估方法选取

选取评估方法的原则有：①所选取的方法必须简介明了，尽量降低算法的复杂性；②所选择的方法必须能够正确地反映评估对象和评估目的。以下通过分析所评估对象——应急资源选址的特点，结合各种评估方法特点，选取合理的评估方法。评估方法的选取主要取决于三个方面：一是评估者本身的评估目标；二是被评估对象的特点，即应急设施选址的特点；三是评估方法的特点。应急资源选址是一个涉及诸多影响因素的综合决策问题，主要有技术、经济、环境、社会、安全五大因素，在选址的过程中各因素都有不同程度的影响，涉及投入和产出多个数量指标的测量、分析和评估，只有将各影响因素集成起来考虑，才能使应急设施的选址决策更具合理性、科学性。应急资源选址评估问题有多种类型，比如应急资源选址的多方案择优评估问题、应急资源选址的单方案评估问题。应急资源选址的多方案择优评估问题是在有多个方案都满足条件的情况下，依据评估目的，采用某种合理评估方法，从多个方案中找出最优方案。应急资源选址的单方案评估问题是依据评估目的采用合理评估方法，评估给定方案的合理性。这里研究的应急资源选址评估问题属于第一类，即多方案择优评估问题。

数据包络方法就是处理多输入/多输出/多决策方案复杂系统的评估方法，是评估有效性的一种非常好的工具。它在给定的一个时期内，通过度量决策单元过去表现的多输入和多输出交叉选择矩阵，在帕累托最优的意义上把决策单元分为两组：有效的和非有效的。其特点是：①DEA 以决策单元各输入/输出的权重为变量，从最有利于决策单元的角度进行评估，从而避免了确定各指标在优先意义下的权重，因此，DEA 方法排除了很多主观因素，具有很强的客观性；②假定每个输入都关联到一个或者多个输出，而且输入/输出之间确实存在某种关系，使用 DEA 方法不必确定这种关系的显式表达式；③对分散的评估指标进行综合分析处理，从全局整体的角度利用数据，从而避免了分散指标处理的片面性。

DEA 方法与层次分析法、灰色综合评估方法以及模糊综合评判法相比，不需要对输出量、输入量的信息结构进行深入了解，能尽量避免主观因素的影响，完全基于指标数据的客观信息进行评估，评估结果更加客观。与人工神经网络评估法相比，其方法更简单、更易于计算。

综上分析，应急资源选址评估具有多影响因素、多方案择优的特点，而数据包络法在处理具有多输入/多输出问题时较其他评估方法具有突出优势，所以选用DEA方法评估应急资源选址更具合理性。

4.2 采用DEA方法评估应急资源选址的指标体系设计

4.2.1 DEA方法基本原理与评估步骤

DEA方法是以“相对有效性”概念为基础的系统分析方法，以多指标投入和多指标产出对相同类型的决策方案（如单位或部门）进行相对有效性或效益评估。DEA方法的重要概念是决策单元、输入/输出指标体系。

一个经济活动或一个生产过程可以看成一个单元在一定的范围内，通过投入一定数量的生产要素并产出一定数量的“产品”的活动。虽然这些活动的具体内容各不相同，但其目的都是尽可能地使这一活动取得最大的“效益”。这样的活动称为决策单元（Decision Making Units，DMU）。在评估各DMU时，评估的依据是决策单元的“输入”数据、“输出”数据、评估单元（部门/单位）间的相对有效性，每个决策单元的有效性将涉及两个方面：①建立在相互比较的基础上，因此是相对有效性；②每个决策单元的有效性紧密依赖于输入综合与输出综合的比。输入指标是决策单元在社会、经济和管理活动中需要耗费的经济量；输出指标相当于投入，是决策单元在某种投入要素组合下，表明经济活动产出成效的经济量。DEA方法通过输入和输出数据的综合分析，得出每个DMU综合效率的数量指标，据此将各决策单元定级排队，确定有效的决策单元，并可给出其他决策单元非有效的原因和程度及其改进方向。

DEA 方法的一般步骤是：明确评估目的、选择决策单元、建立输入/输出评估指标体系、收集和整理数据、DEA 模型选择、进行计算、分析评估结果并提出决策建议。

本章评估的目的是验证应急资源选址是否合理，主要对各选址方案的相对有效性进行评估，从多个选址方案当中找出最优方案，所以决策单元是所有待评估的选址方案。DEA 评估指标体系的确立是进行评估的主要研究内容，以下对指标体系进行深入研究。

4.2.2 基于设施失效情景的应急资源选址评估指标分析

建立输入/输出指标体系是应用 DEA 方法的一项基础性工作。DEA 方法主要是利用各决策单元的输入、输出评估指标数据对决策单元进行相对有效性评估，系统的评估指标不同，有效性评估结果也不同。指标体系的确立由评估内容和评估目的决定，而评估内容就是应急资源选址，所以需要首先分析影响应急资源选址的所有因素。

1. 设施失效情景

由于应急资源主要为了应对非常规突发事件，而非常规突发事件最大的特点就是不确定性，“情景”可以很好描述突发事件的不确定特点，所以进行应急资源选址合理性评估时必须考虑情景因素，各指标的建立必须基于情景。情景因素虽然不能作为指标体系当中的一个指标，但情景是指标体系当中其他指标确立的基础。本书所指的情景具体是指设施失效情景。基于设施失效情景进行应急资源选址评估。

这里设施失效情景正如第 2 章中提到的，包括节点失效情景和关键交通路段失效情景两部分内容。具体设施失效情景用以描述设施是否失效，如果失效，有多少个设施失效，以及哪些设施失效。在不同的失效情景下，输入、输出指标体系的具体指标值不同。比如在不同情景下覆盖用户量以及运输距离等均不同。

2. 评估指标

研究应急资源选址目的就是为了提高应急能力，即付出尽可能少的代价获得最好的收益，所以评估时应该考虑选址的“收益”和“投入”。其中“选址收益”可以用全局性、可靠性、时效性、均衡性指标刻画，而“选址投入”可以用经济性指标刻画，以下具体分析。

(1) 全局性指标。指在规定的条件下，规定的时间内，应急资源能够满足用户的资源量。具体指当$r(r \in \{0, 1, \cdots, R\})$个设施失效时，在规定的时间内，应急设施对应急需求点的覆盖情况，以O_k^r表示当r个设施失效时决策单元k的覆盖率（K表示决策单元集合，R表示最大设施失效数目，$k \in K$）。

(2) 可靠性指标。指在规定的条件下，规定的时间内，应急资源对需求的保障程度。具体指当$r(r \in \{0, 1, \cdots, R\})$个设施失效时，资源对需求的多重覆盖率。如果在规定的时间内，需求i能被应急资源服务x次，那么需求i的多重覆盖率表示为函数$y = a_i \lg x$（$a_i(i=1, 2, \cdots, N)$表示i点的需求），以MO_k^r表示当r个设施失效时决策单元k的多重覆盖率。

(3) 时效性指标。指在规定的条件下，规定的时间内，应急资源对需求提供资源时的运输距离度量。一般包括最大距离和平均距离。

①平均距离。指当$r(r \in \{0, 1, \cdots, R\})$个设施失效时，在规定时间内，所有应急资源供应点与其对应的应急需求点的距离的平均距离，以$\bar{D}^r$表示平均距离。第k个决策单元当r每取一个值都对应一个平均距离，依次表示为$\bar{D}_k^0$，$\bar{D}_k^1$，$\cdots$，$\bar{D}_k^R$；

②最大距离。指当$r(r \in \{0, 1, \cdots, R\})$个设施失效时，在规定时间内，所有应急资源供应点与其对应的应急需求点的距离当中的最大值，以D_{max}^r表示最大距离。第k个决策单元当r每取一个值都对应一

个最大距离，依次表示为 $D^0_{k_{\max}}$，$D^1_{k_{\max}}$，…，$D^R_{k_{\max}}$。

（4）均衡性指标。指在有 $r(r \in \{0, 1, \cdots, R\})$ 个设施失效时，在规定时间内，所有应急资源供应点与其对应的应急需求点的距离均方差；第 k 个决策单元当 r 每取一个值都对应一个最大距离，依次表示为 D^0_k，D^1_k，…，D^R_k。

（5）经济性指标。指在规定的时间内，在规定的条件下，应急资源对需求提供资源时的投入。具体指应急资源选址费用。以 f_j 表示待选点 j（$j \in \{1, 2, \cdots, l\}$）选址的费用，选址费用由地价、规模、自然环境决定。

4.2.3 应急资源选址 DEA 评估指标体系设计

建立应急资源选址的 DEA 评估方法指标体系，需要基于以下几方面建立原则：

（1）要考虑能够实现评估目的。需要明确评估目的，把输入/输出两个不同的侧面分解成若干变量，并且该评估目的的确能够通过输入/输出向量构成生产过程。通常可将各决策单元的效用性指标作为输出指标，而将成本性指标作为输入指标。

（2）能全面反映评估目的。一般情况下，一个评估目的需要多个输入和输出才能较为全面地描述，缺少某个或者某些指标常会使评估目的不能完整地得以实现。换言之，缺少了某个或者某些指标，就不能全面反映评估目的。比如，在某个评估指标体系中新增加一个指标或者去掉一个，原来有效的 DMU 变成了非有效的或者原来非有效的 DMU 变成了有效的。

（3）要考虑到输入、输出向量之间的联系。在进行应急资源选址当中，决策单元各输入和各输出之间往往不是孤立的。在实际运用当中，各输入、输出向量之间的关系可以通过咨询专家或者统计分析明确，也可以初步确立了输入、输出指标体系后，进行试探性的 DEA 分析。如果在用几组样本数据进行分析后，个别指标对应的权重总是很小，说明该指标对 DMU 有效性的影响不大，可以删除该指标。

对于应急资源选址问题，输入指标主要是初期设施选址的费用；输出指标主要是突发事件爆发进行应急时的效果。根据以上影响因素分析、评估目标以及输入、输出指标体系的确立原则，在实现应急资源选址合理性评估这个目标大前提下，建立具有不同侧重评估目标的应急资源选址评估指标体系，具体如表 4－2 所示。

表 4－2　　应急资源选址 DEA 评估指标体系

评估指标体系	评估目的	输入指标	输出指标
一般情景指标体系	以全局性为评估目标	选址费用	覆盖率
设施失效情景指标体系	以全局性和可靠性为评估目标	选址费用	覆盖率、多重覆盖率
多区域情景指标体系	综合考虑全局性、可靠性、时效性和均衡性	选址费用	覆盖率、多重覆盖率、平均距离、最大距离、距离均方差

其中，由于 DEA 方法输出越大，决策方案的有效性系数越大，所以以时效性指标、均衡性指标作为输出指标时，应该分别取平均距离、最大距离、距离均方差的倒数。

表 4－2 中三类指标体系分别为一般情景指标体系、设施失效情景指标体系和多区域情景指标体系。这三类评估指标体系都是以评估应急资源选址合理性为最终评估目标，但是各有侧重。一般情景指标体系只考虑设施对需求的覆盖情况；设施失效情景评估指标体系考虑了设施失效情景的发生，输出包括设施对需求的覆盖率和多重覆盖率，多重覆盖率指标的选取用于衡量系统的可靠性；多区域情景指标体系

综合考虑选址的所有方面，考虑较全面。三类指标体系的输入指标都是应急资源的选址费用。具体进行评估时，可针对评估目标的侧重方面，选用不同的评估指标体系，也可同时运用多种指标体系，综合分析比较，从多方案中找出有效方案。

4.3 基于设施失效情景的应急资源选址评估算例

本节对第 3 章中选址方案进行评估，主要基于以下两个原因：①第 3 章中分别以最小化费用和最大化覆盖为目标，研究了基于设施失效情景的选址问题，并分别给出了选址方案，所以有必要综合考虑两个目标验证选址方案的合理性；②在为应急资源选址时，为了刻画设施失效，引入了设施失效概率，由于非常规事件发生的不确定性，即使根据已有资料该概率依然很难获取，第 3 章中该概率为随机给出，这使得基于情景的应急资源选址结果具有主观性，所以选址结果需要进一步验证。第 3 章中的失效情景为节点失效情景，按照第 3 章中假设，节点最多失效个数 $R=2$，即 $r=0$ 、$r=1$、$r=2$。选取三类指标体系分别进行评估，最终根据评估结果进行综合分析。

4.3.1 评估算例描述

1. 相关参数

II_k ：表示第 k 个决策单元的输入参数，即 $II_k=LC_k$ ；

LC_k ：表示第 k 个决策单元的选址费用；

OI_k ：表示第 k 个决策单元的输出指标，依据选取的评估指标体系确立。

在一般情景指标体系中，输出指标为失效设施数目 r（$r \in \{0, 1, \cdots, R\}$），取不同值时需求的覆盖率 $OI_k=(O_k^0, O_k^1, \cdots, O_k^R)$。

在设施失效情景评估指标体系中，输出指标为失效设施数目 r（$r \in \{0, 1, \cdots, R\}$），取不同值时需求的覆盖率、多重覆盖率 $OI_k=(O_k^0, O_k^1, \cdots, O_k^R, MO_k^0, MO_k^1, \cdots, MO_k^R)$。

在多区域评估指标体系下，包含覆盖率、多重覆盖率、平均距离、最大距离、距离均方差，具体为：

$$OI_k=(O_k^0, \cdots, O_k^R, MO_k^0, \cdots, MO_k^R, \frac{1}{\bar{D}_k^0}, \cdots, \frac{1}{\bar{D}_k^R}, \frac{1}{D_{k_{\max}}^0}, \cdots, \frac{1}{D_{k_{\max}}^R}, \frac{1}{\tilde{D}_k^0}, \cdots, \frac{1}{\tilde{D}_k^R})。$$

2. 相关变量

u_k^T：表示第 k 个决策单元的输出指标权重向量，$u^T=(u_{k1}, u_{k2}, \cdots, u_{kl'})^T$，其中，$l'$ 表示输出指标向量分量个数；

v^T：表示第 k 个决策单元的输入指标权重向量，$v^T=(v_{k1}, v_{k2}, \cdots, v_{kl''})^T$，其中，$l''$ 表示输入指标向量分量个数。

3. DEA 评估模型

$$\max h_k=\frac{u_k^T OI_k}{v_k^T II_k}$$

$$(\mathrm{P})\ s.t.\ \frac{u_t^T OI_t}{v_t^T II_t}\leqslant 1 \quad t=1, 2, \cdots, n, t\neq k$$

$$u_t^T\geqslant 0, \quad v_t^T\geqslant 0 \tag{4-1}$$

其中，n 表示决策单元个数。

以上模型通过 Charnes - Cooper 变化，得以下线性规划模型：

$$\max h_k=u_k^T OI_k$$

$$(P)\ s.t.\ u_t^T OI_t - v_t^T II_t \leqslant 0 \quad t=1,2,\cdots,n,\ t \neq k$$
$$v_k^T II_k = 1$$
$$u_t^T \geqslant 0, \quad v_t^T \geqslant 0 \qquad (4-2)$$

为了从理论以及实际应用中作深入分析，对以上 DEA 线性规划模型（P）求其对偶规划，并加入松弛变量和剩余变量，得如下对偶规划的松弛模型为：

$$\min\theta$$
$$s.t.\ \sum_{t=1}^{n}\lambda_t II_t + s^+ = \theta II_k$$
$$(D)\ \sum_{t=1}^{n}\lambda_t OI_t - s^- = OI_k$$
$$\lambda_t \geqslant 0,\ t=1,2,\cdots,n,\ t \neq k$$
$$\theta \text{ 无约束},\ s^+ \geqslant 0,\ s^- \geqslant 0 \qquad (4-3)$$

定理 4.1：(1) DMU_k 为弱 DEA 有效的充分必要条件是线性规划 (D) 的最优值 $\theta^* = 1$；(2) DMU_k 为 DEA 有效的充分必要条件是规划 (D) 的最优值 $\theta^* = 1$，并且对于每个最优解 λ^*，s^{+*}，s^{-*}，θ^*，都有 $s^{*+} = 0$，$s^{*-} = 0$。

4.3.2 评估结论

由以上对偶规划松弛模型（D）以及定理 4.1，采用模型（D）对第 3 章中的应急资源选址进行评估，采用模型（P）对指标进行分析。表 4-3 为第 3 章节点失效概率取不同值时的选址结果。

表 4－3　　原选址

模型类型	设施失效数目已知的选址结果		设施失效数目未知的选址结果	设施失效概率 p 取值范围	综合所有情况的选址结果
	设施失效数目 $r=1$	设施失效数目 $r=2$			
最小费用模型	2，3，5	2，3，4	3，4，5	0.001	1，2，5；1，4，5；2，3，4；2，3，5；3，4，5
	2，3，5	2，3，4	1，4，5	0.003～0.005	
	2，3，5	2，3，4	2，3，5	0.008～0.3	
	2，3，5	2，3，4	2，3，4	0.35～0.5	
最大覆盖模型	—	—	1，2，5	0.001～0.1	
	—	—	2，3，5	0.15～0.25	
	—	—	2，3，4	0.3～0.5	

以下采用 DEA 评估方法的 C^2R 模型的对偶模型对各选址方案进行有效性评估。具体应急资源选址有效性评估结果如表 4－4 所示。

表 4－4　　选址评估结果

选址方案	各指标体系下的有效性 θ			综合
	一般情景指标体系	设施失效情景指标体系	多区域情景指标体系	$\theta=1$ 的选址方案
1，2，3	$\theta=0.9856163$；非 DEA 有效	$\theta=1$；DEA 有效	$\theta=1$；DEA 有效	—
1，2，4	$\theta=0.9952395$；非 DEA 有效	$\theta=1$；弱 DEA 有效	$\theta=1$；DEA 有效	—
1，2，5	$\theta=1$；DEA 有效	$\theta=1$；弱 DEA 有效	$\theta=1$；DEA 有效	√
1，2，6	$\theta=0.7696608$；非 DEA 有效	$\theta=0.7696608$；非 DEA 有效	$\theta=0.7745741$；非 DEA 有效	—

续 表

选址方案	各指标体系下的有效性 θ			综合
	一般情景指标体系	设施失效情景指标体系	多区域情景指标体系	$\theta=1$ 的选址方案
1，3，4	$\theta=0.9594879$；非 DEA 有效	$\theta=0.9594879$；非 DEA 有效	$\theta=0.9594879$；非 DEA 有效	—
1，3，5	$\theta=0.9965099$；非 DEA 有效	$\theta=0.9965099$；非 DEA 有效	$\theta=0.9965099$；非 DEA 有效	—
1，3，6	$\theta=0.7661088$；非 DEA 有效	$\theta=0.7661088$；非 DEA 有效	$\theta=0.7661088$；非 DEA 有效	—
1，4，5	$\theta=1$；DEA 有效	$\theta=1$；DEA 有效	$\theta=1$；弱 DEA 有效	√
1，4，6	$\theta=0.7698362$；非 DEA 有效	$\theta=0.7698362$；非 DEA 有效	$\theta=0.8237353$；非 DEA 有效	—
1，5，6	$\theta=0.3703119$；非 DEA 有效	$\theta=0.3703119$；非 DEA 有效	$\theta=0.8741363$；非 DEA 有效	—
2，3，4	$\theta=1$；DEA 有效	$\theta=1$；弱 DEA 有效	$\theta=1$；DEA 有效	√
2，3，5	$\theta=1$；DEA 有效	$\theta=1$；弱 DEA 有效	$\theta=1$；DEA 有效	√
2，3，6	$\theta=1$；DEA 有效	$\theta=1$；弱 DEA 有效	$\theta=1$；DEA 有效	√
2，4，5	$\theta=0.9959012$；非 DEA 有效	$\theta=0.9963161$；非 DEA 有效	$\theta=0.9963161$；非 DEA 有效	—
2，4，6	$\theta=0.9875924$；非 DEA 有效	$\theta=0.9875924$；非 DEA 有效	$\theta=0.9875924$；非 DEA 有效	—
2，5，6	$\theta=0.8231494$；非 DEA 有效	$\theta=0.8231494$；非 DEA 有效	$\theta=0.8231494$；非 DEA 有效	—

续 表

选址方案	各指标体系下的有效性 θ			综合
	一般情景指标体系	设施失效情景指标体系	多区域情景指标体系	$\theta=1$ 的选址方案
3，4，5	$\theta=1$；DEA 有效	$\theta=1$；DEA 有效	$\theta=1$；DEA 有效	√
3，4，6	$\theta=0.8243632$；非 DEA 有效	$\theta=0.8243632$；非 DEA 有效	$\theta=0.8243632$；非 DEA 有效	—
3，5，6	$\theta=0.8226254$；非 DEA 有效	$\theta=0.8226254$；非 DEA 有效	$\theta=0.8226254$；非 DEA 有效	—
4，5，6	$\theta=0.8249022$；非 DEA 有效	$\theta=0.8249022$；非 DEA 有效	$\theta=0.8249022$；非 DEA 有效	—

由表 4-4 可知，以提出的三类指标体系当中的任何一种评估，选址方案当中方案 1，2，5、方案 1，4，5、方案 2，3，4、方案 2，3，5、方案 2，3，6 以及方案 3，4，5 评估结果均为 DEA 有效或者弱 DEA 有效，说明这些选址方案可作为最终的最优选址方案。而这些方案也恰好与表 4-3 中的选址结果相一致，进一步验证了第 3 章选址的合理性。

运用 DEA 模型（P）对各选址方案继续进行评估，选取多组样本数据进行分析，观察指标对决策单元有效性的影响，发现不存在对决策单元的有效性影响较小或没有影响的指标，由此验证了指标体系当中指标的选取是合理的。

4.4 小结

本章研究基于设施失效情景的应急资源的可靠性选址评估问题。

综合分析了定性评估方法、定量评估方法以及定性与定量相结合的评估方法。根据应急资源的可靠性选址具有多输入/多输出特点，选取解决多输入/多输出问题具有优势的评估方法——数据包络法。由于评估指标体系是进行评估的重要内容，所以本章针对研究问题的特点，在实现评估目标——应急资源的可靠性选址合理性的大前提下，设计了具有不同侧重评估目标的指标体系：一般情景评估指标体系、设施失效情景评估指标体系、多区域评估指标体系。最后，本章采用数据包络法，运用设计的三种评估指标体系，对第 3 章中的选址结果进行评估，验证了结果的合理性。

5 基于关键交通路段失效情景的中央储备库选址评估

5.1 问题提出

5.1.1 我国中央储备库目前存在的问题

自1998年河北省张北地区地震后，根据救灾工作的客观要求，民政部、财政部出台了《关于建立中央级救灾物资储备制度的通知》，在全国建立了救灾物资储备制度。其中以国家救灾物资储备为主，先后设立了天津、沈阳、哈尔滨、合肥、郑州、武汉、长沙、成都、南宁、西安、昆明11个中央应急物资储备库，还有当时正在筹建的乌鲁木齐中央储备库，主要承担全国特大灾害的物资救援，由当地省级民政部门实行代储管理，中央每年拨付5000万元用于储备大量救灾物资，主要是帐篷、棉衣被等。除了中央应急物资储备库外，国家在31个省、自治区、直辖市和新疆建设兵团建立了省级救灾应急物资储备库；251个地市建立了地级储备库，1079个县建立了县级储备库，我国的应急物资储备网络已初步形成，在应急工作当中取得了很好的效果。但也暴露出一些问题，比如在应对2008年5月12日汶川地震时，应急物资储备不足，412 小时之内中央救灾储备库的帐篷就被全部调空，而整个灾区帐篷缺口还在 80 万顶以上，另外，中央储备库数量不足，致使灾后多种物资缺乏，尤其是帐篷、食品、饮用水、部分药品、生活用品等，而且救灾物资运距过远，运输时间长，严重影响救灾工作的时效。我国中央储备库存在的具体问题如下。

（1）应急物资储备库数量少、分布不均衡。目前中央应急物资储备库的位置设立在天津、沈阳、哈尔滨、合肥、郑州、武汉、长沙、南宁、成都、西安、昆明、乌鲁木齐 12 个城市。从空间布局看，这 12 个中央储备库大部分分布在中国的东部和中部。

（2）储备的应急物资数量不足、品种单一。目前我国中央储备库储备物资以帐篷为主，而且数量较少。

（3）中央储备库建设规模不统一、配套设施不完善。由于储备库建设由地方自筹资金建设，受资金限制，储备库的规模都不大，配套设施都不完备。

（4）缺乏资源配置的绩效评估和管理标准。应急物资的管理低效，缺少对应急物资资源配置的绩效评估和管理标准。

（5）管理环节繁复。从破坏性地震发生到灾区接到应急物资的时间太长。

为了解决以上存在的问题，提高应急能力，各学者纷纷研究中央储备库的合理优化布局，并给出相应的新增中央储备库选址方案。如将中央储备库增至 15～17 个，邹铭等建议在原有中央储备库基础上新增广州、福州、兰州、拉萨代储点。有的学者建议将中央储备库增至 21 个或者 24 个，即在原有基础上新增长春、济南、南京、杭州、南昌、福州、广州、石家庄、兰州、重庆、呼和浩特、贵阳 12 个储备库。2009 年 5 月 11 日民政部和国家发改委联合规划，认为全国中央级救灾物资储备库应增加 24 个。本章就以上相关学者的建议中央储备库增选址方案进行合理性评估。

5.1.2 问题描述

中央储备库选址是否合理，应当通过其应急能力评估。物资是应急时的重要内容，所以本章通过中央储备库应急时对需求区域的物资满足程度，评估新增中央储备库选址的合理性。资源的满足程度包含两方面的内容，一方面是指“量”，即供应数量满足情况；另一方面是“质”，即供应时间，两者缺一不可。只有及时足量的保障应急物资供应，才能降低生命以及财产损失，达到较好的应急效果。在整个应急过程中，应急物资首先由中央储备库运至物资中转站，然后从物资中转站运至物资分发中心，最后再运至灾民手中，对于整个物资调运过程，本书只研究中央储备库至物资中转站这个区间段。如果中央储备库能及时足量为物资中转站提供物资，则选址合理。

选取我国地级市以及4个直辖市中交通条件好、距离地震带近的市作为物资中转站，以多级覆盖半径内中央储备库对物资中转站的覆盖情况评估新增中央储备库选址是否合理。由于中央储备库选址问题是一个包含多个因素的应急资源选址问题，由第4章分析知，可采用数据包络法评估其选址的合理性。

1. 需求描述

在评估待选方案合理性时，需要就未来可能发生的具有代表性的应急需求进行。需求可以用4个因素描述：非常规突发事件的种类、级别、发生地点、危害程度，可表示为如下向量。

需求＝{种类、级别、需求地点、需求点权重}

非常规突发事件的每个要素具体含义如下：

要素1：种类。非常规突发事件分为自然灾害、事故灾难、公共卫生事件、社会安全事件，这里主要研究自然灾害，比如地震、海啸、泥石流等。由于我国位于世界两大地震带——环太平洋地震带与欧亚地震带的交汇部位，地震频繁震灾严重，所以主要以地震为例。

要素 2：级别。即所要应对的灾害级别。这里主要指研究有破坏力的灾害，通常 4 级以上的地震才具有破坏力，所以只研究 4 级以上地震。通过统计分析我国 1976—2010 年地震数据，在地震级别中发生频率较高的震级为 5 级、6 级。

要素 3：需求地点。由于中央储备库主要面向地级市，物资中转站一般都设在地级市，考虑到物资中转站应急时效性，故选取我国 4 个直辖市以及 284 个地级市中交通条件好、处于地震带或距离地震带较近的作为物资中转站，这里交通条件是否良好以地级市内是否有火车站来刻画。

要素 4：需求点权重。以非常规突发事件造成的人员伤亡表示危害程度，这里采用以下受灾人口预测公式表示为：

$$\text{受灾人口数} = \exp[6.964 + 0.311 \times (\text{人口密度等级} \times \text{震级})] \tag{5-1}$$

所以需求以向量表示为：

需求＝｛地震、5 级和 6 级、物资中转站、受灾人数｝

2. 评估对象选取

研究新增中央储备库选址的合理性，所以评估对象为新增中央储备库。已有研究分别提出不同新增中央储备库选址方案，一是建议中央储备库新增至 16 个，具体是在原有 12 个中央储备库基础上新增广州、福州、兰州、拉萨中央储备库；二是建议在原有中央储备库基础上新增济南、杭州、南昌、福州、广州、石家庄、兰州、重庆、呼和浩特中央储备库，将中央储备库新增至 21 个；三是在 21 个基础上新增长春、南京、贵阳中央储备库，将中央储备库新增至 24 个。本书将对以上提出的不同新增中央储备库选址方案为评估对象进行评估。

5.2 基于关键交通路段失效情景的中央储备库选址评估

采用数据包络法评估新增中央储备库选址时，必须基于关键交通路段失效情景。

5.2.1 关键交通路段失效情景描述

当发生地震时，某些关键桥梁、隧道以及与电力相关的关键交通要道有可能被破坏，线路疏导导致列车停运或者需要列车绕行，此时物资若不能及时送达灾区会影响应急。把这些可能被破坏的关键桥梁、隧道以及交通要道称为关键交通设施，关键交通路段被破坏而影响应急，称为关键交通路段失效。当发生关键交通路段失效时，称为关键交通路段失效情景发生。

基于关键交通路段失效情景评估具有合理性。如成昆铁路全线有700多千米穿过川西南和滇北山地，地形极为复杂，隧道427座，总延长341千米，占线路总长度的31.5%；隧道总延长达433.7千米，占线路总长度的40%；在桥隧密集的一些地段，桥隧长度竟占线路长度的80%以上。如曲靖至昆明段，要经过大约152个桥梁，30多条隧道。由于铁路干线所建地形复杂，很可能发生交通路段失效，影响正常运行。如2011年7月28日成昆铁路由于暴风雨破坏，多趟列车绕行，2011年6月28日由于洪水导致成昆铁路白果至白石岩区间路基被洪水冲毁，18趟列车停运，如下图所示。2008年5月12日汶川地震时，由于余震新修的公路垮塌，所以，进行中央储备库选址评估时要考虑关键交通路段失效，要基于关键交通路段失效情景进行评估。

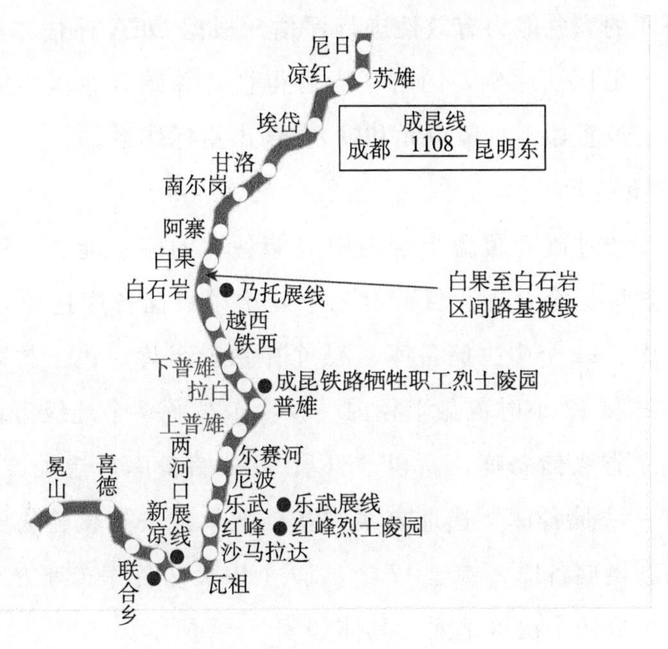

成昆铁路部分路段失效

由于成昆铁路、宝成铁路、京哈铁路，所处地形复杂，都经过地震带，本书考虑其中之一有可能发生设施失效情景，即设施失效数目 $r=0$、1，以成昆铁路青石崖至秦岭段失效、宝成铁路太和至眉山段失效、京哈铁路秦皇岛至锦州段失效构成三个交通路段失效情景，基于三个交通路段失效情景以及不发生交通路段失效情景评估新增中央储备库选址的合理性。

为研究问题方便，假设关键交通路段一旦失效即完全失效，即在有效的应急时间内需经过该交通路段到达物资中转站的中央储备库完全不能满足其需求，需求由其他不经过该失效路段的中央储备库满足。

5.2.2 基于关键交通路段失效情景的新增中央储备库 DEA 评估

采用数据包络法在 6 小时和 12 小时两级覆盖半径内对新增和已有

中央储备库的应急能力有效性进行评估。根据DEA评估方法数据口径的统一性、可比性原则，同时考虑可得性，并结合我国中央储备库的选址特点，设置如下决策单元和输入/输出指标体系。

1. 决策单元

因为要通过研究覆盖半径内中央储备库的应急能力，评估新增中央储备库选址是否合理。目前有三个新增中央储备库选址方案：16个中央储备库、21个中央储备库、24个中央储备库。由于拉萨中央储备库在6小时和12小时覆盖半径内，仅覆盖拉萨一个地级市，所以拉萨只适合建立省级储备库，所以“16个中央储备库”选址方案不合理。在“21个中央储备库”选址方案的基础上依次去掉覆盖物资中转站数目较少的新增储备库，构建17个、19个中央储备库选址方案，所有的选址方案构成四个决策单元，具体如表5-1所示。

表5-1　　DEA决策单元

新增中央储备库选址方案	具体选址
17个中央储备库	天津、沈阳、哈尔滨、合肥、郑州、武汉、长沙、南宁、成都、西安、昆明、乌鲁木齐、济南、杭州、南昌、石家庄、呼和浩特
19个中央储备库	天津、沈阳、哈尔滨、合肥、郑州、武汉、长沙、南宁、成都、西安、昆明、乌鲁木齐、济南、杭州、南昌、石家庄、兰州、重庆、呼和浩特
21个中央储备库	天津、沈阳、哈尔滨、合肥、郑州、武汉、长沙、南宁、成都、西安、昆明、乌鲁木齐、济南、杭州、南昌、福州、广州、石家庄、兰州、重庆、呼和浩特
24个中央储备库	天津、沈阳、哈尔滨、合肥、郑州、武汉、长沙、南宁、成都、西安、昆明、乌鲁木齐、济南、杭州、南昌、福州、广州、石家庄、兰州、重庆、呼和浩特、长春、南京、贵阳

采用DEA评估方法，运用多区域指标体系，通过对以上四个决策单元进行相对有效性评估，选出有效性为1的决策单元，即为合理的中

央储备库选址方案。

2. 评估指标体系设计

应急资源布局决策应主要考虑应急成本和应急效果，其中以应急效果为主。合理的选址是指当发生非常规突发事件时，快速而及时的资源供给。如第4章中分析，应急资源选址的应急能力可用选址的全局性、时效性、均衡性、可靠性四个指标衡量，而应急投入可用经济性指标衡量，即采用多区域评估指标体系。

(1) 输入指标。应急投入为输入指标，这里主要指新增中央储备库选址费用，选址费用由选址规模和地价决定。根据中国地价网，中国城市地价动态检测2011年综合地价水平，可知所选地级市单位面积地价。综合表5-2储备库建设级别与建设面积比例以及学者廖景行建议新增储备库建设规模，可知新建储备库的建设费用，其中总建筑面积计算时取下限。

表5-2　储备库建设级别与面积

规模分类		紧急转移安置人口数（万人）	总建筑面积（平方米）	规模分类
中央级（区域性）	大	72～86	21800～25700	大
	中	54～65	16700～19800	中
	小	36～43	11500～13500	小
省级		12～20	5000～7800	省级
市级		4～6	2900～4100	市级
县级		0.5～0.7	630～800	县级

(2) 输出指标。应急效果，相当于产出。包括全局性指标、可靠性指标、时效性指标、均衡性指标，各指标含义同第4章。具体如下。

①全局性指标：表示为覆盖率。中央储备库在多级覆盖半径内对物资中转站的覆盖程度。由于中央储备库相对物资中转站的应急效果与应急时间、提供物资数量有关，所以覆盖率表示为时间响应满足率

和物资需求量的乘积，即覆盖率 $= a_i\beta_{ij}$，其中，a_i 表示物资中转站 i 的需求，β_{ij} 为需求点 i 在最大覆盖半径内距离最近的中央储备库 j（$j \in J$）对 i 的时间响应满足率，覆盖半径内的储备库集合表示为 J，t_{ij} 为物资中转站 i 距离中央储备库 j 的时间距离，其中，$T = 12h$，$t = 6h$。

$$\beta_{ij} = \begin{cases} 1 & \min_{j \in J} t_{ij} \leqslant t \\ (T - \min_{j \in J} t_{ij})/(T - t) & t < \min_{j \in J} t_{ij} \leqslant T \\ 0 & \min_{j \in J} t_{ij} > T \end{cases} \quad (5-2)$$

②可靠性指标：以多重覆盖率表示。对于物资中转站 i 如果在覆盖半径内有多个中央储备库，就称该物资中转站可以被中央储备库多重覆盖，若覆盖半径内有 n（$n \geqslant 1$）个储备库，则物资中转站被 n 重覆盖。在 6 小时内和 12 小时内物资中转站 i 多重覆盖率表示为 $y_1 = a_i\beta_{ij} + a_i log_e(1 + x_1)$、$y_2 = a_i\beta_{ij} + a_i log_e(1 + x_2)$，其中，$x_1$、$x_2$ 分别表示在时间区间［0 小时，6 小时］以及［6 小时，12 小时］内中央储备库对物资中转站的重复覆盖次数。

③时效性指标：包含平均距离和最大距离。其含义分别为中央储备库与其覆盖半径内相应的物资中转站的平均距离和最大距离。

④均衡性指标：以距离的均方差表示。中央储备库与其覆盖半径内的相应物资中转站距离的均方差。由于距离越小应急效果越好，所以运用 DEA 方法评估时，距离的均方差、平均距离和最大距离都应该取其倒数。

综合以上，新增中央储备库评估方法、评估指标、决策单元总结如表 5-3 所示。

表 5-3　新增中央储备库 DEA 评估

评估方法	DEA 评估方法
输入指标	选址费用
输出指标	覆盖率、多重覆盖、平均距离、最大距离、距离的均方差
决策单元	决策方案：{17 个中央储备库}、{19 个中央储备库}、{21 个中央储备库}、{24 个中央储备库}
评估模型	CCR 模型的对偶模型

3. 相关参数以及评估模型

R：表示交通路段失效导致的无法满足的物资中转站最大数目；

LC_k：表示第 k 个决策单元的选址费用，$k=1, 2, 3, 4, 5$；

II_k：表示第 k 个决策单元的输入指标参数，$II_k=LC_k$；

O_k：表示第 k 个决策单元的覆盖率，表示为 $O_k=(O_{k,1}^0, \cdots, O_{k,1}^R, O_{k,2}^0, \cdots, O_{k,2}^R)$，其中，$O_{k,1}^r=\sum_{i\in N_{k,r}^1} a_i\beta_{ij}^1$、$O_{k,2}^r=\sum_{i\in N_{k,r}^2} a_i\beta_{ij}^2$ 分别表示 6 小时、12 小时覆盖半径内，交通设施失效情景下，r 个物资中转站无法得到满足时（$r\in\{0, 1, \cdots, R\}$），第 k 个决策单元中的所有物资储备库对物资储备库的覆盖率，其中，$N_{k,r}^s$ 表示在第 s 级覆盖半径内，有 r 个物资中转站无法得到满足时，第 k 个决策单元可以服务的物资中转站集合；覆盖半径为 6 小时，$s=1$；覆盖半径为 12 小时，$s=2$；

MO_k：决策单元 k 的多重覆盖率，$MO_k=(MO_{k,1}^0, \cdots, MO_{k,1}^R, MO_{k,2}^0, \cdots, MO_{k,2}^2)$；

其中，$MO_{k,1}^r=\sum_{i\in N_{k,r}^1} a_i\beta_{ij}+a_i log_e(1+x_1)$ 表示覆盖半径为 6 小时，r 个物资中转站无法得到满足时的多重覆盖率；$MO_{k,2}^r=\sum_{i\in N_{k,r}^2} a_i\beta_{ij}+a_i log_e(1+x_2)$ 表示覆盖半径为 12 小时，r 个物资中转站无法得到满足时的多重覆盖率，$r\in\{0, 1, \cdots, R\}$；

$\bar{D}_k$：表示平均距离，$\bar{D}_k=(\bar{D}_{k,1}^0, \cdots, \bar{D}_{k,1}^R, \bar{D}_{k,2}^0, \cdots,$

$\bar{D}_{k,2}^{R}$），其中，$\bar{D}_{k,1}^{r}=\frac{\sum_{i\in N_{k,r}^{1}}\min_{j\in J_k}t_{ij}}{|N_{k,r}^{1}|}$、$\bar{D}_{k,2}^{r}=\frac{\sum_{i\in N_{k,r}^{2}}\min_{j\in J_k}t_{ij}}{|N_{k,r}^{2}|}$分别表示6小时、12小时覆盖半径内，交通设施失效情景下，r个物资中转站无法得到满足时（$r\in\{0,1,\cdots,R\}$），第k个决策单元中的所有物资储备库与其对应的物资中转站的距离当中的平均距离，其中，J_k为第k个决策单元所对应的中央储备库集合；

MMD_k：表示第k个决策单元距离物资中转站的最大距离。$MMD_k=(MMD_{k,1}^{0},\cdots,MMD_{k,1}^{R},MMD_{k,2}^{0},\cdots,MMD_{k,2}^{R})$，其中，$MMD_{k,1}^{r}=\max_{i\in N_{k,r}^{1},\ j\in J_k}\min t_{ij}$、$MMD_{k,2}^{r}=\max_{i\in N_{k,r}^{2},\ j\in J_k}\min t_{ij}$分别表示在6小时、12小时覆盖半径内，交通设施失效情景下，r个物资中转站无法得到满足时（$r\in\{0,1,\cdots,R\}$），第k个决策单元中的所有物资储备库与其对应的物资中转站的距离当中的最大距离；

MD_k：表示距离均方差，$MD_k=(MD_{k,1}^{0},\cdots,MD_{k,1}^{R},MD_{k,2}^{0},\cdots,MD_{k,2}^{R})$，

$$MD_{k,1}^{r}=\sqrt{\frac{\sum_{i\in N_{k,r}^{1}}(\min_{j\in J_k}t_{ij}-AT_k)^2}{|N_{k,r}^{1}|}}\text{、}MD_{k,2}^{r}=\sqrt{\frac{\sum_{i\in N_{k,r}^{2}}(\min_{j\in J_k}t_{ij}-AT_k)^2}{|N_{k,r}^{2}|}}$$

分别表示6小时、12小时覆盖半径内，交通设施失效情景下，r个物资中转站无法得到满足时（$r\in\{0,1,\cdots,R\}$），第k个决策单元中的所有物资储备库与其对应的物资中转站的距离当中的距离均方差；

OI_k：表示第k个决策单元的输出指标参数，包含覆盖率、多重覆盖率、平均距离、最大距离和距离均方差，其中平均距离、最大距离和距离均方差以其倒数表示。

采用DEA评估方法中的CCR模型的对偶模型如下。

$$
\begin{aligned}
& \min\theta \\
\text{s.t.}\ & \sum_{t=1}^{c_l^m}\lambda_t II_t + s^+ = \theta II_k \\
& \sum_{t=1}^{c_l^m}\lambda_t OI_t - s^- = OI_k \\
& \lambda_t \geqslant 0,\ t=1,\ 2,\ \cdots,\ c_l^m,\ t \neq k \\
& \theta \text{ 无约束},\ s^+ \geqslant 0,\ s^- \geqslant 0
\end{aligned}
\tag{5-3}
$$

其中，s^+ 为对偶模型的松弛变量，s^- 为对偶模型的剩余变量。

5.2.3 评估结论

四种情景下的评估指标如表 5-4 所示。在四种情景下评估各决策单元分别在应对 5 级地震时的有效性，通过 lingo 软件计算，评估结果如表 5-5所示。

由表 5-5 知，选址方案｛17 个中央储备库｝在应对 5 级地震时 DEA 有效，而其他三种选址方案在应对 5 级地震时，都是非 DEA 有效的，所以四种选址方案当中，方案｛17 个中央储备库｝最优。在新增中央储备库选址时，应该在原有 12 个库的基础上新增济南、杭州、南昌、石家庄、呼和浩特 5 个中央级储备库。

表 5-4　　四种情景下的评估指标

情景与决策单元 \ 评估指标		6小时内覆盖率	6小时内多重覆盖率	12小时内覆盖率	12小时内多重覆盖率	最大时间距离/小时	平均时间距离/小时	距离均方差
不发生交通路段失效情景	24个中央储备库	0.985	1.749	0.994	2.801	11.5	2.873	2.257
	21个中央储备库	0.968	1.569	0.977	2.611	11.5	2.926	2.246
	19个中央储备库	0.891	1.481	0.939	2.477	11.5	3.290	2.563
	17个中央储备库	0.888	1.392	0.935	2.367	11.5	3.543	2.774
成昆铁路青石崖至秦岭段失效	24个中央储备库	0.985	1.746	0.994	2.796	11.5	2.949	2.281
	21个中央储备库	0.968	1.566	0.977	2.606	10.833	2.923	2.126
	19个中央储备库	0.891	1.481	0.938	2.471	10.833	3.258	2.452
	17个中央储备库	0.880	1.384	0.927	2.359	10.833	3.503	2.687
宝成铁路太和至眉山段失效	24个中央储备库	0.984	1.736	0.995	2.789	11.5	2.969	2.313
	21个中央储备库	0.966	1.554	0.976	2.595	11.5	3.022	2.300
	19个中央储备库	0.890	1.466	0.938	2.461	11.5	3.386	2.597
	17个中央储备库	0.868	1.370	0.919	2.329	11.5	3.634	2.863

续 表

情景与决策单元 \ 评估指标		6小时内覆盖率	6小时内多重覆盖率	12小时内覆盖率	12小时内多重覆盖率	最大时间距离/小时	平均时间距离/小时	距离均方差
京哈铁路秦皇岛至锦州段失效	24个中央储备库	0.985	1.742	0.996	2.765	11.5	2.873	2.257
	21个中央储备库	0.968	1.563	0.977	2.573	11.5	2.926	2.246
	19个中央储备库	0.891	1.474	0.939	2.438	11.5	3.290	2.563
	17个中央储备库	0.888	1.388	0.935	2.331	11.5	3.543	2.774

表5-5　应对5级地震时的有效性评估结果

情景 \ 决策单元	{24个中央储备库}	{21个中央储备库}	{19个中央储备库}	{17个中央储备库}
不发生交通路段失效情景	$\theta=0.7525133$（非DEA有效）	$\theta=0.8287873$（非DEA有效）	$\theta=0.9382772$（非DEA有效）	$\theta=1$（DEA有效）
成昆铁路青石崖至秦岭段失效	$\theta=0.7552078$（非DEA有效）	$\theta=0.8480240$（非DEA有效）	$\theta=0.9500888$（非DEA有效）	$\theta=1$（DEA有效）
宝成铁路太和至眉山段失效	$\theta=0.7583218$（非DEA有效）	$\theta=0.8354256$（非DEA有效）	$\theta=0.9557998$（非DEA有效）	$\theta=1$（DEA有效）
京哈铁路秦皇岛至锦州段失效	$\theta=0.7513960$（非DEA有效）	$\theta=0.8287873$（非DEA有效）	$\theta=0.9382772$（非DEA有效）	$\theta=1$（DEA有效）

5.3 小结

本章是第4章基于设施失效情景的应急资源的可靠性选址评估研究的应用。针对已有研究提出的新增中央储备库选址方案进行合理性评估。选取交通条件好且距离地震带较近或位于地震带的地级市作为物资中转站，通过研究两级覆盖半径内中央储备库对物资中转站的物资保障程度，评估了不同新增中央储备库选址方案的合理性，从中选出合理的新增中央储备库选址方案。

本章只对已有研究当中建议的中央储备库选址方案进行了DEA有效性评估，还可以采用DEA方法为新增中央储备库选址。在新增中央储备库数目范围确定的基础上，给出所有可能选址方案，通过评估给出的选址方案，确定最优新增中央储备库选址方案。如假设已知中央储备库新增个数在区间[17，24]内取值，而新增中央储备库都在23个省会城市、5个首府城市、4个直辖市共32个城市选址，每个城市最多只有一个中央储备库，则所有可能选址方案共有 $\sum_{i=5}^{12} c_{20}^{i}$ 种选址方案。具体步骤为：

(1) 选取决策单元。$\sum_{i=5}^{12} c_{20}^{i}$ 种选址方案作为评估决策单元。

(2) 需求描述。根据本章分析，依然以地震为例，震级为据1976—2010年地震数据统计，发生频率高的5级、6级地震。

(3) 确定覆盖半径。为了进行全局性评估，选取二级覆盖半径，不考虑物资筹集时间，依次为6小时、12小时。

(4) 选取物资中转站。选取我国位于地震带且历史上（可统计1976—2011年）发生过破坏性地震以及交通条件好的地级市作为物资中转站，通过研究中央储备库在多级覆盖半径内对物资中转站在应对 5 级、6 级地震时的物资保障程度，来评估新增储备库的选址合理性。

(5) 设计评估指标体系。考虑到评估指标对评估结果的影响，可同时选取第 4 章设计的三类评估指标体系，分别进行评估，综合分析。

(6) 评估。采用数据包络法，通过评估各决策单元对物资中转站的物资保障程度的有效性，最终得到新增中央储备库的合理选址方案。

6 总结与展望

6.1 本书主要研究结论

由于近年来国内外非常规突发事件频发，严重影响人民的生命以及财产安全，使应急管理的研究受到广泛的关注。应急资源是应急处置过程当中开展一系列活动的基础，其合理布局与否直接影响到应急处置的效率。应急资源布局由选址和配置两部分构成，其中应急资源选址属于长期性战略问题，若选址不当，再进行调整一般需要巨量投入。鉴于应急资源在应急管理当中的重要性，以及应急资源选址自身的特点，应重点研究应急资源选址问题。

大规模突发自然灾害具有巨大的破坏性，应急物流系统往往会由于损毁受到重大影响，从而造成应急物资保障能力急剧下降。本书通过分析应急物流网络的构成，指出应急资源是应急物流网络的一类节点。定义了应急资源的可靠性选址，指出应急设施失效是应急资源选址可靠性的影响因素。应急物流网络的可靠性决定应急资源选址的可靠性，应急资源选址的可靠性依赖于应急物流网络的可靠性，两者密不可分。为了提高应急物流网络的可靠性，在可能设施失效的情况下，研究针对应急物流系统的应急资源选址问题具有重要意义。本研究基于设施失效情景的应急资源的可靠性选址以及选址方案评估问题。

针对研究非常规突发事件的应急管理具有“情景依赖”特点，通过分析应急资源保障中引发应急设施失效的多种原因，将应急设施失效情景分为两类：节点失效情景和关键交通路段失效情景，并分别给出具体定义。经过分类定义的设施失效情景描述实际情况更贴切，基于分类定义的失效情景研究可靠性选址更能反映实际。已有基于失效情景的可靠性选址研究，一般应用于军事、商业供应链中，应用于物流当中的可靠性选址一般只考虑节点失效情景，而且研究还不充分，本书分别基于节点失效情景和关键交通路段失效情景研究应急资源的可靠性选址以及选址评估。

由于非常规事件的不确定性，导致设施失效信息部分缺失。本书基于最坏节点设施失效情景，运用鲁棒思想，分别建立了在信息部分缺失条件下的最小费用随机选址模型和最大覆盖随机选址模型。所建模型都属于双层规划，通过模型解上下界的确定，降低求解难度。算例表明，所建模型较经典选址模型以及原有选址在提高系统可靠性的基础上，更加节约费用、覆盖率更高。

应急评估可以确保应急管理工作的有效性，为了检验基于设施失效情景的应急资源的可靠性选址的合理性，需要研究基于设施失效情景的应急资源的可靠性选址方案评估，通过评估可以对不合理的方案进行调整。本书通过分析应急资源选址的影响因素，明确应急资源选址问题一般涉及投入和产出多个指标的测度，针对多方案择优的应急资源选址评估问题，选取定性与定量相结合的方法中处理多方案、多输入/多输出问题具有优势的评估方法——数据包络法。通过具体定义描述对需求区域的物资保障程度的全局性、时效性、均衡性、可靠性、经济性指标，在实现评估目标大前提下，设计了具有不同侧重评估目标的一般情景评估指标体系、设施失效情景评估指标体系，以及多区域情景评估指标体系。采用能较好反映费效比评估思想的数据包络法，运用三类指标体系对第 3 章中基于设施失效情景的选址结果分别进行有效性评估，通过对评估结果的分析，进一步验证了选址的合理性。

中央储备库选址属于应急资源选址问题。考虑到我国中央储备库在应急物资中的重要保障作用，针对中央储备库目前在应急当中暴露出来的问题，以及已有研究给出的新增中央储备库不同选址建议方案，本书研究了基于关键交通路段失效情景下的新增中央储备库选址合理性评估问题。采用数据包络法运用上述多区域情景评估指标体系，对已有研究中建议的新增中央储备库的选址方案进行合理性评估，从而验证了上述评估方法的有效性。最后，给出采用DEA方法为新增中央储备库选址的具体步骤。

6.2 未来研究工作展望

基于设施失效情景的可靠性应急资源选址问题研究，目前已经成为学界的热点问题。基于设施失效情景对应急资源选址进行合理性评估，有助于进一步验证选址的合理性，对不合理选址方案进行调整。本书在已有研究的基础上，做了该方面研究的初步探讨，还有许多问题有待解决，需要继续深入研究，具体内容如下：

（1）本书为了研究问题方便，假设设施失效则完全失效，该假设只是发生设施失效的一种情况。现实当中，设施失效可能只是部分能力的失效，设施依然可以满足部分需求，基于设施部分能力失效的应急资源选址问题有待进一步研究。

（2）本书由于研究设施失效是小部分设施失效，所以假设设施失效相互独立。但是在现实中，有可能系统内大部分设施失效，此时设施失效不是相互独立的，设施之间相互关联性对考虑设施失效选址问题的影响，还需要进一步探讨。

（3）基于失效情景的应急资源选址问题，从费用和覆盖用户两方面分别建立了最小费用模型和最大覆盖模型，但是理想状态是费用最小和最大限度满足需求两方面的最优。未来可同时考虑节点失效情景和关键交通路段失效情景，建立既能反映最小费用，又能反映最大覆盖的多目标应急资源的可靠性选址模型。

（4）本书选取数据包络法对应急资源的可靠性选址进行评估。由于该方法自身的特点，进行评估时各决策单元都是从最有利于自己的角度分别求权重，导致这些权重是随着 DMU 的不同而不同的，不同的决策单元可能都是 DEA 有效的，即只能将 DMU 分为有效或者非有效两大类，不能对决策单元进行排序。为了克服这一缺陷，可以考虑将该方法与其他综合评估方法相结合，采用集成的评估方法。比如基于 DEA 的加权灰色关联分析方法、模糊综合评判与数据包络分析方法的集成。

（5）本书进行评估时假设需求确定。但是非常规突发事件的不确定性，导致需求的不确定。未来可考虑具有需求不确定的应急资源的可靠性选址评估。由于传统 DEA 方法只可用来评估确定性问题，此时可选取模糊综合评判与数据包络分析方法相集成的评估方法。

（6）本书只研究了应急资源的选址，未考虑路径问题。基于失效情景的选址—路径问题也是一个值得研究的内容。

参考文献

[1] DREZNER Z. Heuristic solution methods for two location problems with unreliable facilities [J]. Journal of the Operational Research Society, 1987 (38): 509 - 514.

[2] O BERMAN, D KRASS, M MENEZES. Facility Reliability Issues in Network P - Median Problems: Strategic Centralization and Co - Location Effects [J]. Operational Research, 2007, 55 (2): 332 - 350.

[3] O BERMAN, D KRASS, M Menezes. Location and reliability Problems on a line : Impact of objectives and correlated failures on optimal location patterns [J]. Omega: International Journal of Management Science, 2013, 41 (4): 166 - 799.

[4] PLASTRIA F. Solving general continuous single facility location problems by cutting planes [J]. European Journal of Operation Research, 1987, 29 (1): 98 - 110.

[5] DASKIN M S. Network and Discrete Location: Models, Algorithms and Applications [M]. New York : Wiley, NY, 1995.

[6] CAMPBELL J F. A survey of network hub location [J]. Studies in Location Analysis, 1994 (6): 31 - 49.

[7] CHUNG C H. Recent applications of the maximal covering location planning (M. C. L. P.) model [J]. Journal of the Operational Research Society, 1986 (37): 735 - 746.

[8] CHEN R, HANDLER G Y. The conditional P - center problem in the plane [J]. Naval Research Logistics, 1993 (40): 117 - 127.

[9] ROSING K, HILLSMAN E , ROSING - VOGELAAR H. The robustness of two common heuristics for the P - median problem [J]. Environment and Planning A, 1979 (11): 373 - 380.

[10] PIRKUL H, SCHILLING D. The capacitated maximal covering location problem with capacities on total workload [J]. Management Science, 1991 (37): 233 - 248.

[11] BATTA R, BERMAN O. Allocation model for a facility operating as an M/G/k queue [J]. Networks, 1989, 19 (6): 717 - 729.

[12] PLASTRIA F. Profit maximizing single competitive facility location in the plane [J]. Studies in Locational Analysis, 1997 (11): 115 - 126.

[13] GAO L L, ROBINSON E P, JR. A dual—based optimization procedure for the two — echelon incapacitated facility location problem [J]. Naval Research Logistics, 1994, 39 (2): 191 - 212.

[14] MARIANOV V, REVELLE C. The capacitated standard response fire protection siting problem: deterministic and probabilistic models [J]. Annals of Operations Research, 1992, 40 (1): 303 - 322.

[15] OWEN S H , DASKIN, M S. Strategic facility location: a review [J]. European Journal of Operational Research, 1998, 111 (3): 423 - 447.

[16] HAKIMI S L. Optimum locations of switching centers and the absolute centers and medians of a graph [J]. Operations Research, 1964, 12 (3): 450 - 459.

[17] REVELLE C , SWAIN R W. Central facilities location [J]. Geographical Analysis, 1970, 2 (1): 30 - 42.

[18] CARBONE R. Public facility location under stochastic demand [J]. INFOR, 1974 (12): 261 – 270.

[19] CALVO A , MARKS H. Location of health care facilities: an analytical approach [J]. Socio – Economic Planning Sciences, 1973, 7 (5): 407 – 422.

[20] PALUZZI M. Testing a heuristic P – median location allocation model for siting emergency service facilities [C]. Annual Meeting of the Association of American Geographers, Philadelphia, PA, 2004.

[21] CARSON Y, BATTA R. Locating an ambulance on the Amherst campus of the State University of New York at Buffalo [J]. Interfaces, 1990, 20 (5): 43 – 49.

[22] BERLIN, G, REVELLE C, ELZINGA J. Determining ambulance hospital locations for on – scene and hospital services [J]. Environment and Planning A, 1976 (8): 553 – 561.

[23] MANDELL M B. A P – median approach to locating basic life support and advanced life support units [R]. Montreal : The CORS/INFORMS National Meeting, 1998.

[24] MIRCHANDANI P B. Locational decisions on stochastic networks [J]. Geographical Analysis, 1980, 12 (2): 172 – 183.

[25] SERRA D, MARIANOV V. The P – median problem in a changing network: the case of Barcelona [J]. Location Science, 1999, 6 (1): 383 – 394.

[26] SYLVESTER J J. A question in the geometry of situation [J]. Quarterly Journal of Pure and Applied Mathematics, 1857 (1): 79.

[27] GARFINKEL R S, NEEBE A W, RAO M R. The m – center

problem: Min - max facility location [J]. Management Science, 1977, 25 (4): 1133 - 1142.

[28] REVELLE C, HOGAN K. The maximum reliability location problem and a reliable P - Center problem: derivatives of the probabilistic location set covering problem [J]. Annals of Operations Research, 1989, 18 (1): 155 - 174.

[29] HOCHBAUM D S, PATHRIA A. Locating centers in a dynamically changing network and related problems [J]. Location Science, 1998, 6 (1 - 4): 243 - 256.

[30] TALWAR M. Location of rescue helicopters in SouthTyrol, The 37th Annual ORSNZ Conference [C]. New Zealand, Auckland, 2002, 9 (1): 16 - 22.

[31] TOREGAS C, SWAIN R, REVELLE C, et al. The location of emergency service facility [J]. Operations Research, 1971, 19 (6): 1363 - 1373.

[32] CHURCH R, REVELLE C. The maximal covering location problem [J]. Papers of the Regional Science Association, 1974, 32 (1): 101 - 118.

[33] JOHN A, WHITE J, CASE K. On covering problems and the central facility location problem [J]. Geographical Analysis, 1974, 281 (6): 281 - 293.

[34] EATON D J, DASKIN M S, SIMMONS D, et al. Determining emergency medical deployment in Austin, Texas [J]. Interfaces, 1985, 15 (1): 96 - 108.

[35] SCHILLING D, ELZINGA D, COHON J, et al. The TEAM/FLEET models for simultaneous facility and equipment siteing [J]. Transportation Science, 1979, 13 (2): 163 - 175.

[36] DASKIN M S, STERN E H. A hierarchical objective set covering model for emergency medical service vehicle deployment [J]. Transportation Science, 1981, 15 (2): 137-152.

[37] BIANCHI C, CHURCH R. A hybrid FLEET model for emergency medical service system design [J]. Social Sciences in Medicine, 1971, 26 (1): 163-171.

[38] BENEDICT J. Three hierarchical objective models which incorporate the concept of excess coverage for locating EMS vehicles or hospitals [D]. MSc thesis, Northwestern University, 1983.

[39] EATON D, HECTOR M, SANCHEZ V, et al. Determining ambulance deployment in Santa Domingo, Dominican Republic [J]. Journal of the Operational Research Society, 1986, 37 (2): 113-126.

[40] HOGAN K, REVELLE C. Concepts and applications of backup coverage [J]. Management Science, 1986, 32 (11): 1434-1444.

[41] REVELLE C, SCHWEITZER J, SNYDER S. The maximal conditional covering problem [J]. INFOR, 1996, 5 (1): 77-91.

[42] BERALDI P, RUSZCZYNSKI A. A branch and bound method for stochastic integer problems under probabilistic constraints [J]. Optimization Methods and Software, 2002, 17 (3): 359-382.

[43] DASKIN M. The maximal expected covering location model: formulation, properties and heuristic solution [J]. Transportation Science, 1983, 17 (1): 48 - 70.

[44] REVELLE C, HOGAN K. A reliability constrained siting model with local estimates of busy fractions [J]. Environment and Planning, 1986, 15 (2): 143-152.

[45] BATTA R, DOLAN J, KRISHNAMURTHY N. The maximal expected covering location problem: revisited [J]. Transportation

Science, 1989, 23 (4): 277 - 287.

[46] GOLDBERG J, DIETRICH R, CHEN J M, et al. Validating and applying a model for locating emergency medical services in Tucson, AZ [J]. European Journal of Operational Research, 1990, 49 (13): 308 - 324.

[47] REPEDE J F, BERNARDO J J. Developing and validating a decision support system for locating emergency medical vehicles in Louisville, Kentucky [J]. Location Scienc, 1994, 75 (3): 567 - 581.

[48] REVELLE C. Review, extension and prediction in emergency service siting models [J]. European Journal of Operational Research, 1989, 40 (1): 58 - 69.

[49] SCHILLING D A. Strategic facility planning: the analysis of options [J]. Decision Sciences, 1982, 13 (1): 1 - 14.

[50] C E EBELING. An introduction to reliability and maintainability engineering [M]. Boston: McGraw Hill publication, 1997.

[51] ALYSSON M COSTA. A survey on benders decomposition applied to fixed — charge network design problems [J]. Computers & Operations Research, 2005, 32 (6): 1429 - 1450.

[52] BEHR A, CAMARINOPOULOS L, PAMPOUKIS G. Domination of K - out - of - n system [J]. IEEE Transactions on Reliability, 1995, 44 (4): 705 - 708.

[53] VERN PAXSON, JAMSHID MHDAVI, ANDREW ADAMS, et al. An Architecture for Large - Scale Internet Measurement [J]. IEEE Communications, 1998, 36 (8): 48 - 54.

[54] BELL M G H, LIDA Y. Transportation network analysis [M]. New York: John Wiley and Sons, 1997: 179 - 192.

[55] DU Z P, NICHOLSON A J. Degradable Transportation systems: sensitivity and reliability analysis [J]. Transportation Research,

1997，31（3）：225－237.

［56］CHEN A，YANG H，LO H K，et al. Capacity reliability of a road network：an assessment methodology and numerical results［J］. Transportation Research 2002，36（3）：225－252.

［57］LAM W H K ，ZHANG N. A new concept of travel demand satisfaction reliability for assessing road network performance［D］. Presented at the Matsuyama Workshop on Transport network Analysis，2000，August.

［58］BOESH F T，THOMAS R E. On graphs of invulnerable communication nets［J］. IEEE Trans. On Circuit Theory，1970，17（2）：183－192.

［59］D Y CHAN，S GARG，K S TRIVEDI. Network survivability performance evaluation：A quantitative approach with applications in wireless adhoc networks［R］. Atlanta：ACM International Workshop on Modeling，Analysis and Simulation of Wireless and Mobile Systems，2002.

［60］AGGARWAL K K，CHOPRA Y C，BAJWAJ S. Capacity consideration in reliability analysis of communication systems［J］. IEEE Trans Reliability，1982，31（2）：177－188.

［61］H A EISELT，MICHEL GENDREAU，GILBERT L. Location of facilities on a network subject to a single－edge failure［J］. Networks，1992，22（3）：231－246.

［62］SIMCHI－LEVI D，SNYDER L V，WATSON M. Strategies for uncertain times［J］. Supply Chain Management Rev，2002，6（1）：11－12.

［63］SHEFFI Y. Supply chain management under the threat of international terrorism. Internat［J］. J Logist Management，2001，12

(2) : 1-11.

[64] SNYDER L V, DASKIN M S. Reliability Models for Facility Location: The Expected Failure Cost Case [J]. Transportation Science, 2005, 39 (3): 400-416.

[65] CUI T T, OUYANG Y F, SHEN Z J M. Reliable Facility Location DesignUnder the Risk of Disruptions [J]. Operations Research, 2010, 58 (4): 998-1011.

[66] BERMAN O, KRASS D, MENEZES M B C. Facility Reliability Issues in Network P-median Problems: Strategic Centralization and Co-location Effects [J]. Operation Research, 2007, 55 (2) : 332-350.

[67] O HANLEY J R, CHURCH R L. Designing robust coverage networks to hedge against worst-case facility losses. European Journal of Operational Research, 2011, 209 (1): 23-36.

[68] BERMAN O, DREZNER T, DREZNER Z, et al. A defensive maximal covering problem on a network [J]. International Transactions on Operational Research, 2009, 16 (1): 69-86.

[69] S D LEE. On solving unreliable planar location problems [J]. Computers and Operations Research, 2001, 28 (4): 329-344.

[70] M L BALINSKI. Integer programming: Methods, uses, computation [J]. Management Science, 1965, 12 (3): 253-313.

[71] BERMAN O, D KRASS. Facility location problems with stochastic demands and congestion [M]. Zvi Drezner, H. W. Hamacher, eds. Facility Location: Applications and Theory. Springer—Verlag, New York, 2001: 331-373.

[72] SNYDER L V, ULKER N S. A model for locating capacitated unreliable facilities [C]. IERC Conf. Atlanta, 2005: 323-335.

[73] ANTON J, KLEYWEGT, ALEXANDER SHAPIRO, TITO

HOMEM - DE - MELLO. The sample average approximation method for stochastic discrete optimization [J]. SIAM Journal on Optimization , 2001, 12 (2): 479 - 502.

[74] JEFF LINDEROTH, ALEXANDER SHAPIRO, STEPHEN WRIGHT. The empirical behavior of sampling methods for stochastic programming [J]. Annals of Operations Research, 2006, 142 (1): 219 - 245.

[75] GARG M, SMITH J C. Models and algorithms for the design of survivable multicommodity flow networks with general failure scenarios [D]. Gainesville: University Florida, 2006.

[76] SNYDER L V, DASKIN M S. Models for reliable supply chain network design [C]. Reliability and Vulnerability in Critical Infrastructure: A Quantitative Geographic Perspective. Berlin: Springer, 2006: 257 - 289.

[77] PANAGIOTIS KOUVELIS, GANG YU. Robust Discrete Optimization and Its Applications [C]. Boston: Kluwer Academic Publishers, MA, 1997.

[78] LAWRENCE V SNYDER, MARK S DASKIN. Stochastic p—robust location problems [J]. IIE Transactions, 2006, 38 (11): 971 - 985.

[79] R L CHURCH, M P SCAPARRA, JRO' HANLEY. Optimizing passive protection in facility systems [R]. Spain: Working paper, ISOLDE X, 2005.

[80] M P SCAPARRA. Optimal resource allocation for facility protection in median systems [R]. England: Working paper, University of Kent, Canterbury, 2006.

[81] H. STACKELBERG. The Theory of Market Economy [M].

Oxford: Oxford University Press, 1952.

[82] SCAPARRA M P, CHURCH R L. A Bilevel Mixed－integer Program for Critical Infrastructure Protection Planning [J]. Computer & Operations Research, 2008, 35 (6): 1905－1923.

[83] RICHARD L CHURCH, MARIA P SCAPARRA. Protecting critical assets: The r－interdiction median problem with fortification [J]. Geographical Analysis, 2007, 39 (2): 129－146.

[84] NAHMAN, J. Fuzzy logic based network reliability ecaluation [J]. Microelectron. Relia., 1997, 37 (8): 1161－1164.

[85] BARD J F. Practical Bi－level Optimization [M]. Dordrecht: Kluwer academic publishers, 1998.

[86] SAHIN K H, CIRIC A R . A Dual Temperature Simulated Annealing Approach for Solving Bi－level Programming Problems [J]. Computers and Chemical Engineering, 1998, 23 (1): 11－25.

[87] UNO T, KATAGIRI H. Single and Multi－objective Defensive Location Problems on a Network [J]. European Journal of Operational Research, 2008, 188 (1): 76－84.

[88] LUKAC Z, SORIC K, ROSENZWEIG V V. Production Planning Problem with Sequence Dependent Setups as A Bi－level Programming Problem [J]. European Journal of Operation Research, 2008, 187 (3): 1504－1512.

[89] SCAPARRA M P, CHURCH R L. An exact solution approach for the interdiction median problem with fortification [J]. European Journal of Operational Research. 2008, 189 (1) : 76－92.

[90] CHARNES A , COOPER W W, RHODES E. Measuring the efficiency of decision making units [J]. European Journal of Operational Research , 1978, 2 (6) : 429－444.

[91] 徐国栋，方伟华，史培军，等. 汶川地震损失快速评估 [J]. 地震工程与工程振动，2008，28 (6)：73-83.

[92] 徐国栋，袁艺，方伟华，等. 玉树7.1级地震震后损失快速评估 [J]. 地震工程与工程振动，2011，31 (1)：114-123.

[93] 李湖生，刘铁民. 突发事件应急准备体系研究进展及关键科学问题 [J]. 中国安全生产科学技术，2009，5 (6)：5-10.

[94] 陈桂香，段永瑞. 对我国应急资源管理改进的建议 [J]. 上海管理科学，2006 (4)：44-45.

[95] 魏国强，杨永清. 应急资源布局评估与调整策略研究 [J]. 计算机工程与应用，2011，47 (28)：215-218.

[96] 计雷，池宏，陈安，等. 突发事件应急管理 [M]. 北京：高等教育出版社，2006.

[97] 刘利民，王敏杰. 我国应急物资储备优化问题初探 [J]. 物流科技，2009 (2)：39-41.

[98] 何武军. 蓄意散布在美国邮政系统的炭疽芽胞事件 [J]. 环境与职业医学，2004，21 (4)：269-270.

[99] 李东，晏湘涛，匡兴华. 考虑设施失效的军事物流配送中心选址模型 [J]. 计算机工程与应用，2010，46 (11)：3-5.

[100] 杨然. 卡特里娜飓风中的应急通信 [J]. 电信世界，2005 (10)：10-12.

[101] 郭晓光，张晓东. 应急物流网络规划基础研究 [J]. 经济物流，2012 (2)：34-38.

[102] 高会生. 电力通信网可靠性研究 [D]. 北京：华北电力大学，2009：2-7.

[103] 侯立文，蒋馥. 城市道路网络可靠性的研究 [J]. 系统工程，2000，18 (5)：44-48.

[104] 李崇东，李德梅. 网络可靠性研究综述 [J]. 科技信息，

2009 (19)：449 - 450.

[105] 程国全，王转，鲍新中．现代物流网络与设施 [M]. 北京：首都经济贸易大学出版社，2004.

[106] 朱道立，龚国华，罗齐．物流和供应链管理 [M]. 上海：复旦大学出版社，2002.

[107] 陈德良，陈治亚．物流网络的可靠性及概率特征研究 [J]. 中南林业科技大学学报，2010，30 (10)：129 - 132.

[108] 曹刚. 我国应急物流的现状及对策思考 [J]. 重庆电子工程职业学院学报，2010，19 (2)：34 - 36.

[109] 赵林度．城市重大危险源应急物流网络研究 [J]. 东南大学学报（ 哲学社会科学版），2007，9 (1)：27 - 29.

[110] 刘铁民．危机型突发事件应对与挑战 [J]. 中国安全生产科学技术，2010，6 (1)：8 - 12.

[111] 李仕明，刘娟娟，王博，等．基于情景的非常规突发事件应急管理研究——"2009 突发事件应急管理论坛"综述 [J]. 电子科技大学学报，2010，12 (1)：1 - 3.

[112] 王世伟．最坏失效情况下的 P 中值选址问题研究 [D]. 武汉：华中科技大学，2008.

[113] 刘铁民. 玉树地震灾害再次凸显应急准备重要性 [J]. 中国安全生产科学技术，2010，6 (2) ：5 - 7.

[114] 赵阿兴，马宗晋．自然灾害损失评估指标体系的研究 [J]. 自然灾害学报，1993，2 (3)：1 - 7.

[115] 姚庆国，杨传印．层次分析法在企业经济效益综合评估中的应用 [J]. 煤炭经济研究，2000 (6)：21 - 23.

[116] 沈良锋，樊相加．基于层次分析法的风险投资项目评估与决策 [J]. 基建优化，2002，23 (4)：20 - 22.

[117] 傅新平，邹珺．层次分析法在物流中心选址中的应用 [J].

世界海运，2002，25（8）：23－24.

[118] 张永领．基于层次分析法的应急物资储备方式研究 [J]. 灾害学，2011，26（3）：120－125.

[119] 李建国，唐士晟，蒋兆远．应急物流保障能力评估模型研究 [J]. 兰州交通大学学报，2007，26（6）：64－67.

[120] 韩超群．企业技术创新能力的模糊综合评判模型研究 [J]. 沈阳工业学院学报，2003，22（3）：88－90.

[121] 关晓光，葛志杰．质量经济效益的模糊综合评估 [J]. 管理工程学报，2000，14（4）：65－69.

[122] 张江华，郑小平，彭建文．基于模糊层次分析法的应急能力指标权重确定 [J]. 安全与环境工程，2007，14（3）：80－82.

[123] 邓爱民，张凡，等．基于模糊灰色综合评估方法的应急物流能力评估 [J]. 企业管理，2010（6）：174－176.

[124] 王悦．人工神经网络在经济效益综合评估中的应用 [J]. 北京广播电视大学学报，2002（3）：39－44.

[125] 杜栋．人才需求量预测的神经网络方法 [J]. 系统工程理论方法应用，1996，5（3）：45－49.

[126] 杜栋．企业技术创新评估的 DEA 方法 [J]. 系统工程理论方法与应用，2001，10（1）：82－84.

[127] 邢鑫鑫．基于 DEA 的模糊综合评估方法在应急物流方案选择中的应用 [J]. 物流科技，2011（3）：124－126.

[128] 方磊．基于偏好 DEA 模型的应急资源优化配置 [J]. 系统工程理论与实践，2008（5）：98－104.

[129] 杜栋，庞庆华，吴炎．现代综合评估方法与案例精选 [M]. 北京：清华大学出版社，2008.

[130] 高建国，等．国家救灾物资储备体系的历史和现状 [J]. 国际地震动态，2005（4）：5－12.

[131] 邹铭，等．中国救灾物资代储点优化布局研究 [J]. 自然灾害学报，2004 (8)：135 - 139.

[132] 廖景行．中央应急物资储备库布局评估与选址问题研究 [D]. 北京：中国科学院研究生院，2011.

[133] 马新．社会化应急物资储备中的选址与配置问题研究 [D]. 北京：中国科学院研究生院，2011.

附录一　国家综合防灾减灾规划（2016—2020年）

防灾减灾救灾工作事关人民群众生命财产安全，事关社会和谐稳定，是衡量执政党领导力、检验政府执行力、评判国家动员力、彰显民族凝聚力的一个重要方面。为贯彻落实党中央、国务院关于加强防灾减灾救灾工作的决策部署，提高全社会抵御自然灾害的综合防范能力，切实维护人民群众生命财产安全，为全面建成小康社会提供坚实保障，依据《中华人民共和国国民经济和社会发展第十三个五年规划纲要》以及有关法律法规，制定本规划。

一、现状与形势

（一）“十二五”时期防灾减灾救灾工作成效。

“十二五”时期是我国防灾减灾救灾事业发展很不平凡的五年，各类自然灾害多发频发，相继发生了长江中下游严重夏伏旱、京津冀特大洪涝、四川芦山地震、甘肃岷县漳县地震、黑龙江松花江嫩江流域性大洪水、“威马逊”超强台风、云南鲁甸地震等重特大自然灾害。面对复杂严峻的自然灾害形势，党中央、国务院坚强领导、科学决策，各地区、各有关部门认真负责、各司其职、密切配合、协调联动，大力加强防灾减灾能力建设，有力有序有效开展抗灾救灾工作，取得了显著成效。与“十五”和“十一五”时期历年平均值相比，“十二五”时期因灾死亡失踪人口较大幅度下降，紧急转移安置人口、倒塌房屋数量、农作物受灾面积、直接经济损失占国内生产总值的比重分别减少22.6％、75.6％、38.8％、13.2％。

“十二五”时期，较好完成了规划确定的主要目标任务，各方面取得积极进展。一是体制机制更加健全，工作合力显著增强。统一领导、分级负责、属地为主、社会力量广泛参与的灾害管理体制逐步健全，灾害应急响应、灾情会商、专家咨询、信息共享和社会动员机制逐步完善。二是防灾减灾救灾基础更加巩固，综合防范能力明显提升。制定、修订了一批自然灾害法律法规和应急预案，防灾减灾救灾队伍建设、救灾物资储备和灾害监测预警站网建设得到加强，高分卫星、北斗导航和无人机等高新技术装备广泛应用，重大水利工程、气象水文基础设施、地质灾害隐患整治、应急避难场所、农村危房改造等工程建设大力推进，设防水平大幅提升。三是应急救援体系更加完善，自然灾害处置有力有序有效。大力加强应急救援专业队伍和应急救援能力建设，及时启动灾害应急响应，妥善应对了多次重大自然灾害。四是宣传教育更加普及，社会防灾减灾意识全面提升。以“防灾减灾日”等为契机，积极开展丰富多彩、形式多样的科普宣教活动，防灾减灾意识日益深入人心，社会公众自救互救技能不断增强，全国综合减灾示范社区创建范围不断扩大，城乡社区防灾减灾救灾能力进一步提升。五是国际交流合作更加深入，“减灾外交”成效明显。与有关国家、联合国机构、区域组织等建立了良好的合作关系，向有关国家提供了力所能及的紧急人道主义援助，并实施了防灾监测、灾后重建、防灾减灾能力建设等援助项目，积极参与国际减灾框架谈判、联合国大会和联合国经济及社会理事会人道主义决议磋商等，务实合作不断加深，有效服务了外交战略大局，充分彰显了我负责任大国形象。

(二)“十三五”时期防灾减灾救灾工作形势。

“十三五”时期是我国全面建成小康社会的决胜阶段，也是全面提升防灾减灾救灾能力的关键时期，面临诸多新形势、新任务与新挑战。一是灾情形势复杂多变。受全球气候变化等自然和经济社会因素耦合影响，“十三五”时期极端天气气候事件及其次生衍生灾害呈增加趋势，破坏性地震仍处于频发多发时期，自然灾害的突发性、异常性和复杂性有所增加。二是防灾减灾救灾基础依然薄弱。重救灾轻减灾思想还比较普遍，一些地方城市高风险、农村不设防的状况尚未根本改变，基层抵御灾害的能力仍显薄弱，革命老区、民族地区、边疆地区和贫困地区因灾致贫、返贫等问题尤为突出。防灾减灾救灾体制机制与经济社会发展仍不完全适应，应对自然灾害的综合性立法和相关领域立法滞后，能力建设存在短板，社会力量和市场机制作用尚未得到充分发挥，宣传教育不够深入。三是经济社会发展提出了更高要求。如期实现“十三五”时期经济社会发展总体目标，健全公共安全体系，都要求加快推进防灾减灾救灾体制机制改革。四是国际防灾减灾救灾合作任务不断加重。国际社会普遍认识到防灾减灾救灾是全人类的共同任务，更加关注防灾减灾救灾与经济社会发展、应对全球气候变化和消除贫困的关系，更加重视加强多灾种综合风险防范能力建设。同时，国际社会更加期待我国在防灾减灾救灾领域发挥更大作用。

二、指导思想、基本原则与规划目标

（一）指导思想。

全面贯彻党的十八大和十八届三中、四中、五中、六中全会精神，深入学习贯彻习近平总书记系列重要讲话精神，落实党中央、国务院关于防灾减灾救灾的决策部署，紧紧围绕统筹推进“五位一体”总体布局和协调推进“四个全面”战略布局，牢固树立和贯彻落实新发展理念，坚持以人民为中心的发展思想，正确处理人和自然的关系，正确处理防灾减灾救灾和经济社会发展的关系，坚持以防为主、防抗救相结合，坚持常态减灾和非常态救灾相统一，努力实现从注重灾后救助向注重灾前预防转变、从应对单一灾种向综合减灾转变、从减少灾害损失向减轻灾害风险转变，着力构建与经济社会发展新阶段相适应的防灾减灾救灾体制机制，全面提升全社会抵御自然灾害的综合防范能力，切实维护人民群众生命财产安全，为全面建成小康社会提供坚实保障。

（二）基本原则。

以人为本，协调发展。坚持以人为本，把确保人民群众生命安全放在首位，保障受灾群众基本生活，增强全民防灾减灾意识，提升公众自救互救技能，切实减少人员伤亡和财产损失。遵循自然规律，通过减轻灾害风险促进经济社会可持续发展。

预防为主，综合减灾。突出灾害风险管理，着重加强自然灾害监测预报预警、风险评估、工程防御、宣传教育等预防工作，坚持防灾抗灾救灾过程有机统一，综合运用各类资源和多种手段，强化统筹协调，推进各领域、全过程的灾害管理工作。

分级负责，属地为主。根据灾害造成的人员伤亡、财产损失和社会影响等因素，及时启动相应应急响应，中央发挥统筹指导和支持作用，各级党委和政府分级负责，地方就近指挥、强化协调并在救灾中发挥主体作用、承担主体责任。

依法应对，科学减灾。坚持法治思维，依法行政，提高防灾减灾救灾工作法治化、规范化、现代化水平。强化科技创新，有效提高防灾减灾救灾科技支撑能力和水平。

政府主导，社会参与。坚持各级政府在防灾减灾救灾工作中的主导地位，充分发挥市场机制和社会力量的重要作用，加强政府与社会力量、市场机制的协同配合，形成工作合力。

（三）规划目标。

1. 防灾减灾救灾体制机制进一步健全，法律法规体系进一步完善。

2. 将防灾减灾救灾工作纳入各级国民经济和社会发展总体规划。

3. 年均因灾直接经济损失占国内生产总值的比例控制在 1.3%以内，年均每百万人口因灾死亡率控制在 1.3 以内。

4. 建立并完善多灾种综合监测预报预警信息发布平台，信息发布的准确性、时效性和社会公众覆盖率显著提高。

5. 提高重要基础设施和基本公共服务设施的灾害设防水平，特别要有效降低学校、医院等设施因灾造成的损毁程度。

6. 建成中央、省、市、县、乡五级救灾物资储备体系，确保自然灾害发生 12 小时之内受灾人员基本生活得到有效救助。完善自然灾害救助政策，达到与全面小康社会相适应的自然灾害救助水平。

7. 增创 5000 个全国综合减灾示范社区，开展全国综合减灾示范县

（市、区）创建试点工作。全国每个城乡社区确保有 1 名灾害信息员。

8. 防灾减灾知识社会公众普及率显著提高，实现在校学生全面普及。防灾减灾科技和教育水平明显提升。

9. 扩大防灾减灾救灾对外合作与援助，建立包容性、建设性的合作模式。

三、主要任务

（一）完善防灾减灾救灾法律制度。

加强综合立法研究，加快形成以专项法律法规为骨干、相关应急预案和技术标准配套的防灾减灾救灾法律法规标准体系，明确政府、学校、医院、部队、企业、社会组织和公众在防灾减灾救灾工作中的责任和义务。

加强自然灾害监测预报预警、灾害防御、应急准备、紧急救援、转移安置、生活救助、医疗卫生救援、恢复重建等领域的立法工作，统筹推进单一灾种法律法规和地方性法规的制定、修订工作，完善自然灾害应急预案体系和标准体系。

（二）健全防灾减灾救灾体制机制。

完善中央层面自然灾害管理体制机制，加强各级减灾委员会及其办公室的统筹指导和综合协调职能，充分发挥主要灾种防灾减灾救灾指挥机构的防范部署与应急指挥作用。明确中央与地方应对自然灾害的事权划分，强化地方党委和政府的主体责任。

强化各级政府的防灾减灾救灾责任意识，提高各级领导干部的风险防范能力和应急决策水平。加强有关部门之间、部门与地方之间协调配合和应急联动，统筹城乡防灾减灾救灾工作，完善自然灾害监测预报预警机制，健全防灾减灾救灾信息资源获取和共享机制。完善军地联合组织指挥、救援力量调用、物资储运调配等应急协调联动机制。建立风险防范、灾后救助、损失评估、恢复重建和社会动员等长效机制。完善防灾减灾基础设施建设、生活保障安排、物资装备储备等方面的财政投入以及恢复重建资金筹措机制。研究制定应急救援社会化有偿服务、物资装备征用补偿、救援人员人身安全保险和伤亡抚恤政策。

（三）加强灾害监测预报预警与风险防范能力建设。

加快气象、水文、地震、地质、测绘地理信息、农业、林业、海洋、草原、野生动物疫病疫源等灾害地面监测站网和国家民用空间基础设施建设，构建防灾减灾卫星星座，加强多灾种和灾害链综合监测，提高自然灾害早期识别能力。加强自然灾害早期预警、风险评估信息共享与发布能力建设，进一步完善国家突发事件预警信息发布系统，显著提高灾害预警信息发布的准确性、时效性和社会公众覆盖率。

开展以县为单位的全国自然灾害风险与减灾能力调查，建设国家自然灾害风险数据库，形成支撑自然灾害风险管理的全要素数据资源体系。完善国家、区域、社区自然灾害综合风险评估指标体系和技术方法，推进自然灾害综合风险评估、隐患排查治理。

推进综合灾情和救灾信息报送与服务网络平台建设，统筹发展灾害信息员队伍，提高政府灾情信息报送与服务的全面性、及时性、准确性和规范性。完善重特大自然灾害损失综合评估制度和技术方法体系。探索建立区域与基层社区综合减灾能力的社会化评估机制。

（四）加强灾害应急处置与恢复重建能力建设。

完善自然灾害救助政策，加快推动各地区制定本地区受灾人员救助标准，切实保障受灾人员基本生活。加强救灾应急专业队伍建设，完善以军队、武警部队为突击力量，以公安消防等专业队伍为骨干力量，以地方和基层应急救援队伍、社会应急救援队伍为辅助力量，以专家智库为决策支撑的灾害应急处置力量体系。

健全救灾物资储备体系，完善救灾物资储备管理制度、运行机制和储备模式，科学规划、稳步推进各级救灾物资储备库（点）建设和应急商品数据库建设，加强救灾物资储备体系与应急物流体系衔接，提升物资储备调运信息化管理水平。加快推进救灾应急装备设备研发与产业化推广，推进救灾物资装备生产能力储备建设，加强地方各级应急装备设备的储备、管理和使用，优先为多灾易灾地区配备应急装备设备。

进一步完善中央统筹指导、地方作为主体、群众广泛参与的灾后重建工作机制。坚持科学重建、民生优先，统筹做好恢复重建规划编制、技术指导、政策支持等工作。将城乡居民住房恢复重建摆在突出和优先位置，加快恢复完善公共服务体系，大力推广绿色建筑标准和节能节材环保技术，加大恢复重建质量监督和监管力度，把灾区建设得更安全、更美好。

（五）加强工程防灾减灾能力建设。

加强防汛抗旱、防震减灾、防风抗潮、防寒保畜、防沙治沙、野生动物疫病防控、生态环境治理、生物灾害防治等防灾减灾骨干工程建设，提高自然灾害工程防御能力。加强江河湖泊治理骨干工程建设，继续推进大江大河大湖堤防加固、河道治理、控制性枢纽和蓄滞洪区建设。加快中小河流治理、病险水库水闸除险加固等工程建设，推进重点海堤达标建设。加强城市防洪防涝与调蓄设施建设，加强农业、林业防灾减灾基础设施建设以及牧区草原防灾减灾工程建设。做好山洪灾害防治和抗旱水源工程建设工作。

提高城市建筑和基础设施抗灾能力。继续实施公共基础设施安全加固工程，重点提升学校、医院等人员密集场所安全水平，幼儿园、中小学校舍达到重点设防类抗震设防标准，提高重大建设工程、生命线工程的抗灾能力和设防水平。实施交通设施灾害防治工程，提升重大交通基础设施抗灾能力。推动开展城市既有住房抗震加固，提升城市住房抗震设防水平和抗灾能力。

结合扶贫开发、新农村建设、危房改造、灾后恢复重建等，推进实施自然灾害高风险区农村困难群众危房与土坯房改造，提升农村住房设防水平和抗灾能力。推进实施自然灾害隐患点重点治理和居民搬迁避让工程。

（六）加强防灾减灾救灾科技支撑能力建设。

落实创新驱动发展战略，加强防灾减灾救灾科技资源统筹和顶层设计，完善专家咨询制度。以科技创新驱动和人才培养为导向，加快建设各级地方减灾中心，推进灾害监测预警与风险防范科技发展，充分发挥现代科技在防灾减灾救灾中的支撑作用。

加强基础理论研究和关键技术研发，着力揭示重大自然灾害及灾害链的孕育、发生、演变、时空分布等规律和致灾机理，推进“互联网+”、大数据、物联网、云计算、地理信息、移动通信等新理念新技术新方法的应用，提高灾害模拟仿真、分析预测、信息获取、应急通信与保障能力。加强灾害监测预报预警、风险与损失评估、社会影响评估、应急处置与恢复重建等关键技术研发。健全产学研协同创新机制，推进军民融合，加强科技平台建设，加大科技成果转化和推广应用力度，引导防灾减灾救灾新技术、新产品、新装备、新服务发展。继续推进防灾减灾救灾标准体系建设，提高标准化水平。

（七）加强区域和城乡基层防灾减灾救灾能力建设。

围绕实施区域发展总体战略和落实“一带一路”建设、京津冀协同发展、长江经济带发展等重大战略，推进国家重点城市群、重要经济带和灾害高风险区域的防灾减灾救灾能力建设。加强规划引导，完善区域防灾减灾救灾体制机制，协调开展区域灾害风险调查、监测预报预警、工程防灾减灾、应急处置联动、技术标准制定等防灾减灾救灾能力建设的试点示范工作。加强城市大型综合应急避难场所和多灾易灾县（市、区）应急避难场所建设。

开展社区灾害风险识别与评估，编制社区灾害风险图，加强社区灾害应急预案编制和演练，加强社区救灾应急物资储备和志愿者队伍建设。深入推进综合减灾示范社区创建工作，开展全国综合减灾示范县（市、区）创建试点工作。推动制定家庭防灾减灾救灾与应急物资储备指南和标准，鼓励和支持以家庭为单元储备灾害应急物品，提升家庭和邻里自救互救能力。

（八）发挥市场和社会力量在防灾减灾救灾中的作用。

发挥保险等市场机制作用，完善应对灾害的金融支持体系，扩大居民住房灾害保险、农业保险覆盖面，加快建立巨灾保险制度。积极引入市场力量参与灾害治理，培育和提高市场主体参与灾害治理的能力，鼓励各地区探索巨灾风险的市场化分担模式，提升灾害治理水平。

加强对社会力量参与防灾减灾救灾工作的引导和支持，完善社会力量参与防灾减灾救灾政策，健全动员协调机制，建立服务平台。加快研究和推进政府购买防灾减灾救灾社会服务等相关措施。加强救灾捐赠管理，健全救灾捐赠需求发布与信息导向机制，完善救灾捐赠款物使用信息公开、效果评估和社会监督机制。

（九）加强防灾减灾宣传教育。

完善政府部门、社会力量和新闻媒体等合作开展防灾减灾宣传教育的工作机制。将防灾减灾教育纳入国民教育体系，推进灾害风险管理相关学科建设和人才培养。推动全社会树立“减轻灾害风险就是发展、减少灾害损失也是增长”的理念，努力营造防灾减灾良好文化氛围。

开发针对不同社会群体的防灾减灾科普读物、教材、动漫、游戏、影视剧等宣传教育产品，充分发挥微博、微信和客户端等新媒体的作用。加强防灾减灾科普宣传教育基地、网络教育平台等建设。充分利用“防灾减灾日”、“国际减灾日”等节点，弘扬防灾减灾文化，面向社会公众广泛开展知识宣讲、技能培训、案例解说、应急演练等多种形式的宣传教育活动，提升全民防灾减灾意识和自救互救技能。

（十）推进防灾减灾救灾国际交流合作。

结合国家总体外交战略的实施以及推进“一带一路”建设的部署，统筹考虑国内国际两种资源、两个能力，推动落实联合国2030年可持续发展议程和《2015－2030年仙台减轻灾害风险框架》，与有关国家、联合国机构、区域组织广泛开展防灾减灾救灾领域合作，重点加强灾害监测预报预警、信息共享、风险调查评估、紧急人道主义援助和恢复重建等方面的务实合作。研究推进国际减轻灾害风险中心建设。积极承担防灾减灾救灾国际责任，为发展中国家提供更多的人力资源培训、装备设备配置、政策技术咨询、发展规划编制等方面支持，彰显我负责任大国形象。

四、重大项目

（一）自然灾害综合评估业务平台建设工程。

以重大自然灾害风险防范、应急救助与恢复重建等防灾减灾救灾决策需求为牵引，建立灾害风险与损失评估技术标准、工作规范和模型参数库。研发多源异构的灾害大数据融合、信息挖掘与智能化管理技术，建设全国自然灾害综合数据库管理系统。建立灾害综合风险调查与评估技术方法，研发系统平台，并在灾害频发多发地区开展灾害综合风险调查与评估试点工作，形成灾害风险快速识别、信息沟通与实时共享、综合评估、物资配置与调度等决策支持能力。建立并完善灾害损失与社会影响评估技术方法，突破灾害快速评估和综合损失评估关键技术，建立灾害综合损失评估系统。建立重大自然灾害灾后恢复重建选址和重建进度评估技术体系，建设灾后恢复重建决策支持系统。基本形成面向中央及省级救灾决策与社会公共服务的多灾种全过程评估的数据和技术支撑能力。

（二）民用空间基础设施减灾应用系统工程。

依托民用空间基础设施建设，面向国家防灾减灾救灾需求，建立健全防灾减灾卫星星座减灾应用标准规范、技术方法、业务模式与产品体系。建设防灾减灾卫星星座减灾应用系统，实现军民卫星数据融合应用，具备自然灾害全要素、全过程的综合监测与研判能力，提高灾害风险评估与损失评估的自动化、定量化和精准化水平。在重点区域开展“天空地”一体化综合应用示范，带动区域和省级卫星减灾应用能力发展。建立卫星减灾应用信息综合服务平台，具备产品定制和全球化服务能力，为我国周边及“一带一路”沿线国家提供灾害遥感监测信息服务。

（三）全国自然灾害救助物资储备体系建设工程。

采取新建、改扩建和代储等方式，因地制宜，统筹推进，形成分级管理、反应迅速、布局合理、规模适度、种类齐全、功能完备、保障有力的中央、省、市、县、乡五级救灾物资储备体系。科学确定各级救灾物资储备品种及规模，形成多级救灾物资储备网络。进一步优化中央救灾物资储备库布局，支持中西部多灾易灾地区的地市级和县级救灾物资储备库建设，多灾易灾城乡社区视情设置救灾物资储存室，形成全覆盖能力。

通过协议储备、依托企业代储、生产能力储备和家庭储备等多种方式，构建多元救灾物资储备体系。完善救灾物资紧急调拨的跨部门、跨区域、军地间应急协调联动机制。充分发挥科技支撑引领作用，推进救灾物资储备管理信息化建设，实现对救灾物资入库、存储、出库、运输和分发等全过程的智能化管理，提高救灾物资管理的信息化、网络化和智能化水平，救灾物资调运更加高效快捷有序。

（四）应急避难场所建设工程。

编制应急避难场所建设指导意见，明确基本功能和增强功能，推动各地区开展示范性应急避难场所建设，并完善应急避难场所建设标准规范。结合区域和城乡规划，在京津冀、长三角、珠三角等国家重点城市群，根据人口分布、城市布局、区域特点和灾害特征，建设若干能够覆盖一定范围，具备应急避险、应急指挥和救援功能的大型综合应急避难场所。结合人口和灾害隐患点分布，在每个省份分别选择若干典型自然灾害多发县（市、区），新建或改扩建城乡应急避难场所。建设应急避难场所信息综合管理与服务平台，实现对应急避难场所功能区、应急物资、人员安置和运行状态等管理与评估，面向社会公众提供避险救援、宣传教育和引导服务。

（五）防灾减灾科普工程。

开发针对不同社会群体的防灾减灾科普读物和学习教材，普及防灾减灾知识，提升社会公众防灾减灾意识和自救互救技能。制定防灾减灾科普宣传教育基地建设规范，推动地方结合实际新建或改扩建融宣传教育、展览体验、演练实训等功能于一体的防灾减灾科普宣传教育基地。建设防灾减灾数字图书馆，打造开放式网络共享交流平台，为公众提供知识查询、浏览及推送等服务。开发动漫、游戏、影视剧等防灾减灾文化产品，开展有特色的防灾减灾科普活动。

五、保障措施

（一）加强组织领导，形成工作合力。

国家减灾委员会负责本规划实施的统筹协调。各地区、各有关部门要高度重视，加强组织领导，完善工作机制，切实落实责任，确保规划任务有序推进、目标如期实现。各地区要根据本规划要求、结合本地区实际，制定相关综合防灾减灾规划，相关部门规划要加强与本规划有关内容的衔接与协调。

（二）加强资金保障，畅通投入渠道。

完善防灾减灾救灾资金投入机制，拓宽资金投入渠道，加大防灾减灾基础设施建设、重大工程建设、科学研究、人才培养、技术研发、科普宣传和教育培训等方面的经费投入。完善防灾减灾救灾经费保障机制，加强资金使用的管理与监督。按照党中央、国务院关于打赢脱贫攻坚战的决策部署，加大对革命老区、民族地区、边疆地区和贫困地区防灾减灾救灾工作的支持力度。

（三）加强人才培养，提升队伍素质。

加强防灾减灾救灾科学研究、工程技术、抢险救灾和行政管理等方面的人才培养，强化基层灾害信息员、社会工作者和志愿者等队伍建设，扩充人才队伍数量，优化人才队伍结构，提高人才队伍素质，形成一支结构合理、素质优良、专业过硬的防灾减灾救灾人才队伍。

（四）加强跟踪评估，强化监督管理。

国家减灾委员会建立规划实施跟踪评估制度，加强对本规划实施情况的跟踪分析和监督检查。国家减灾委员会各成员单位和各省级人民政府要加强对本规划相关内容落实情况的评估。国家减灾委员会办公室要制定本规划实施分工方案，明确相关部门职责，并做好规划实施情况总体评估工作，将评估结果报国务院。

附录二　北京市“十三五”时期应急体系发展规划

为全面加强“十三五”时期本市应急体系建设，依据《中华人民共和国突发事件应对法》、《北京市实施〈中华人民共和国突发事件应对法〉办法》、国家应急体系建设相关规划及本市国民经济和社会发展“十三五”规划纲要等有关法律法规和政策文件，制定本规划。

一、“十二五”时期应急体系建设回顾

“十二五”期间，全市各级党委、政府高度重视应急工作，始终坚持“人民生命财产高于一切，首都安全责任重于泰山”的宗旨，牢固树立以人为本、生命至上的应急理念，加大创新力度、加强资源整合、强化精细管理、夯实基层基础，全面提升应急能力水平，全市应急体系建设取得重要进展。

（一）应急管理体系进一步健全

市突发事件应急救助、空气重污染、涉外突发事件、核应急等专项应急指挥部组建完成，市级专项应急指挥部达到 18 个。持续推进应

急预案编制修订工作，各类预案的针对性和操作性进一步增强。突发事件信息管理更加规范，信息报送更加及时准确，舆论引导更加主动有力。应急宣教和培训工作覆盖面持续扩大。在全国率先开展城市安全运行和应急管理物联网应用建设工作，完成重点领域 10 大示范工程建设。修订并颁布实施《北京市安全生产条例》、《北京市消防条例》等一批地方性法规。

（二）应急处置能力进一步增强

进一步完善突发事件现场指挥部设置与运行机制，不断细化决策指挥、专业处置、社会响应等工作流程，全面提高统筹协调和快速响应能力。京津冀三省市初步建立常态交流、联合指挥、协同处置工作机制，在全国率先实现应急指挥平台互联互通。央地应急联动和军地协同应急机制建设有序推进。妥善处置本市在利比亚人员撤离、“7·21”特大自然灾害、“10·28”天安门暴力恐怖袭击案件、马航 MH370 失事客机乘客家属安抚善后、埃博拉疫情防控等重大复杂突发事件，有效保障首都社会安全稳定和城市平稳运行。

（三）突发事件防范水平进一步提升

在全国率先启动巨灾情景构建研究工作，完成地铁反恐、城市大面积停电等 11 项巨灾情景构建专题研究，提出本市加强巨灾应对能力建设的具体任务和措施。在全国率先建立公共安全风险管理长效机制，进一步推进重点领域和重点区域的风险管理及安全隐患排查整改工作。组建市突发事件预警信息发布中心，开发推广“北京服务您”应急信息快速发布系统，建立统一畅通的预警信息发布体系。

（四）应急服务保障作用进一步彰显

在党的十八大、全国"两会"等重要会议期间，新中国成立 65 周年庆祝活动、2014 年亚太经济合作组织（APEC）领导人非正式会议、中国人民抗日战争暨世界反法西斯战争胜利 70 周年纪念活动等重大国事活动期间，春节、国庆节及清明节、端午节、中秋节等重要节假日和各类敏感期，全面启动全市应急机制，全力保障城市运行和社会秩序正常平稳。

（五）应急准备能力进一步加强

全市应急队伍体系基本形成，建成专业应急救援队伍 890 余支、5.12 万人，依托驻京解放军、武警部队、民兵和预备役队伍组建应急救援队伍 30 支、3300 余人。基本形成政府储备、社会储备和家庭储备相结合的应急物资储备格局，物资管理、调用保障等机制不断健全。建成市级地震应急避难场所 106 处，可疏散约 280 万人。累计安排市级应急准备资金 15 亿元，新设立自然灾害救助、旅游安全等多项应急准备资金，应急救援和善后救助保障水平大幅提高。

（六）全社会应急意识进一步强化

初步建成全市领导干部应急管理培训基地，每年举办应急管理专题研讨班、应急实务培训班。依托市红十字会建立应急救护培训体系，累计培训初级急救员近 60 万人。深入推进应急科普宣教工作，广泛开展"5•12 防灾减灾日"、"安全生产月"等活动。探索建立应急管理社会动员组织体系与工作机制，应急志愿者队伍建设管理进一步加强，全市实名制注册应急志愿者队伍达 518 支、12.4 万人。各类安全示范社区建设成果丰硕。

实践证明，过去的五年是本市应急体系建设取得重要进展的五年，全市应急准备、综合防范、快速反应、恢复重建、基层应急、社会参与、城市安全运行、巨灾应对和科技支撑等九大应急能力不断提升，应急管理水平取得新的突破，公共安全文化建设取得新的进展，圆满完成“十二五”应急发展规划任务。同时，也要清醒地看到，与建设国际一流和谐宜居之都的要求相比，与世界特大城市应急管理水平相比，本市应急体系还存在差距和不足。

一是应急救援能力不能完全满足突发事件处置需求，各类应急资源共享和联动机制有待进一步强化。全市应急队伍建设布局不够合理，专业技能培训和实战演练不足；应急物资储备库建设缺乏总体统筹，物资调用、经费保障和财政支持机制有待完善；应急避难场所规划建设和日常运行维护工作有待加强；应急通行机制还需进一步健全，现场指挥和协作机制有待完善；社会舆情掌握与引导水平有待提高；对本市各类重点赴外人员和境外企业的保护能力亟待加强。

二是应急联动机制有待进一步完善。京津冀三省市在监测预警、资源共享、协同处置机制建设等方面仍有薄弱环节；统筹协调各级政府、各专业领域应急资源共同应对突发事件的合作机制有待进一步加强。与相关国家部委、驻京解放军和武警部队的协调联动机制建设有待完善。

三是应急社会动员及公众防灾能力有待提升。基层应急工作统筹协调力度亟需加强，组织动员各种民间应急救援力量和应急志愿者参与突发事件处置的工作机制需要进一步健全；面向公众开展应急科普宣传教育和培训演练的场所不足，公众防灾减灾意识、自救互救能力和自身应急准备仍需增强；以政府购买服务形式推进防灾减灾工作和应急体系发展工作有待加强。

四是应急管理法治化和规范化水平有待提高。贯彻实施《中华人民共和国突发事件应对法》的地方性法规体系和配套政策还不健全，运用法治思维和法治方式应对突发事件的能力有待进一步提高；应急标准体系尚未建立，与应急管理工作的实际需要还存在较大差距。

五是巨灾应对准备工作总体不足。应对巨灾的应急决策指挥机制有待健全；巨灾条件下的电力、通信、交通、地下管网等城市重要基础设施的综合防范能力有待加强，大范围受损后的快速恢复能力不足；缺乏巨灾保险机制，巨灾造成损失的风险分散和恢复能力不足。

六是突发事件防范和预警体系尚需强化。风险监测、评估体系和分级分类的风险治理体系建设有待进一步强化。预警信息发布渠道尚未实现全覆盖，基层预警信息传播仍存在盲区；分区域、分人群、定向分类预警发布机制尚不完善；预警信息多语种服务尚需加强。

二、“十三五”时期应急体系发展面临的形势和挑战

（一）“四个全面”战略布局和五大发展理念提出更高要求

中央提出的“全面建成小康社会、全面深化改革、全面依法治国、全面从严治党”战略布局和创新、协调、绿色、开放、共享五大发展理念，为进一步做好应急管理工作提供了基本遵循。要牢记公共安全是最基本的民生，努力满足人民群众对及时妥善应对各类突发事件的更高要求，将“人民生命财产高于一切，首都安全责任重于泰山”体现到每项工作当中，更好地履行保障公共安全的责任；要注重加强思路理念、方法手段、体制机制创新，解决制约应急管理水平提升的关键问题，推动完善“党委领导、政府主导、社会协同、公众参与、法治保障”的社会治理体制；要充分尊重自然、尊重客观规律，牢固树立法治思维，坚持科学应急、依法应急，不断提高应急管理工作法治

化、规范化和科学化水平；要坚持突发事件防范和应急处置并重，强化应急联动体系建设，统筹提升首都应急能力水平，在协调发展中加强薄弱环节、增强发展后劲。

（二）落实京津冀协同发展战略需要更高标准

强化京津冀应急体系协同发展，是落实京津冀协同发展国家战略的重要组成部分。要进一步扩大京津冀应急管理工作的合作内容和范围，健全完善常态化合作交流和联合应急指挥工作机制，不断细化空气重污染、森林防火、极端天气交通保障、防汛、地震、公共卫生、动植物疫情等领域的应急联动工作流程，进一步提高区域协同应急处置能力。

（三）首都公共安全形势面临更大挑战

当前，首都公共安全形势总体平稳，但各种风险隐患交织并存，形势依然复杂严峻。伴随着现代社会国际化、网络化、信息化发展趋势，导致突发事件的关联性、衍生性、复合性和非常规性不断增强，跨区域和国际化趋势日益明显；互联网等新兴媒体的快速发展，使突发事件信息传播速度和范围出现显著变化，舆情管理难度不断增大；部分重特大突发事件超出传统常规判断，极端化、小概率特点凸显，给城市安全和应急管理带来更加严峻挑战。

自然灾害风险加剧。受全球气候变化影响，强降雨、冰雪、高温、浓雾等极端天气仍是本市面临的主要灾害。首都圈以及华北地区存在发生5级及以上中强破坏性地震的可能性。外来有害生物对农林生产和生态环境可能造成较大危害。受自然灾害影响，易形成环环相扣的灾害链，对首都经济社会发展、城市运行和生态环境等造成严重威胁。

事故灾难易发高发。全市机动车保有量已超过560万辆，六环路内日均出行总量已超过3000万人次，城市交通和过境交通压力持续增大。危险化学品存储点位和运输车辆多，易发生危险化学品泄漏、爆炸、污染等事故和突发环境事件。随着城市基础设施建设进程的加快，各类生产安全事故风险可能增加。地下管网、超高层建筑、人员密集场所等领域的安全问题日益凸显，火灾和路面塌陷事故仍时有发生。网络与信息安全事件发生的风险加大。

城市运行压力增大。北京作为超大型城市，人口、资源、环境方面的矛盾日益突出，各类“城市病”所诱发的突发事件风险较大，保障城市安全稳定运行的任务异常艰巨繁重。大气污染防治任务十分紧迫。能源保障基本依靠外部输入，使城市运行脆弱性增大。城市公共基础设施处于满负荷运转状态，且随着使用年限增长安全隐患逐步显现。轨道交通日均客流量超过1000万人次已成常态，大客流冲击压力加大，安全运营风险持续存在。

公共卫生安全不容忽视。受全球气候异常变化、世界经济一体化进程加快、本市对外交往活动日益增多等综合因素影响，发生各种输入性新发或烈性传染病疫情的可能性将进一步增大，发生由外埠食品药品及相关产品污染导致全市性食品药品安全事件的概率不断增加。

社会安全形势严峻。随着改革发展步入深水区和攻坚期，各类社会矛盾易发多发，因征地拆迁、金融投资、教育管理、就业和社会保障、医疗卫生、环境污染引发的上访、聚集等群体性事件及个人极端暴力事件和重大刑事案件仍时有发生。北京始终处于反恐防恐最前沿，面临的暴恐现实威胁加大。涉外突发事件数量有可能大幅增长，事件性质敏感程度不断增大。随着全媒体时代的来临，新闻舆论事件的应对工作将面临更大压力和挑战。

重大国事活动服务保障成为常态。随着国家综合国力和国际影响力不断提升，北京作为国家首都和国际交往中心，将承担更多重大国事活动服务保障任务。做好新中国成立70周年庆祝活动、2019年世界园艺博览会、北京2022年冬奥会和冬残奥会筹办等重大国事活动服务保障工作，对应急管理工作提出了更高的标准和要求。

三、“十三五”时期应急体系发展的总体思路

（一）指导思想

全面贯彻落实党的十八大和十八届三中、四中、五中全会及中央城市工作会议精神，深入贯彻落实习近平总书记系列重要讲话和对北京工作的重要指示精神，紧紧围绕“五位一体”总体布局和“四个全面”战略布局，牢固树立和贯彻落实创新、协调、绿色、开放、共享的发展理念，坚持以人为本、生命至上的应急理念，切实承担起“促一方发展、保一方平安”的政治责任，把公共安全作为重要的民生工作抓紧抓好。坚持底线思维，坚持目标导向和问题导向相结合，着眼于防大灾、抗巨灾，以首都安全为目标，以提升应急能力为核心，以加强预防为重点，以强化应急准备为抓手，充分发挥京津冀协调联动机制作用，加大创新力度，加强资源整合，强化精细化管理，夯实基层基础，最大限度保障人民群众生命财产安全，维护首都社会和谐稳定，为落实首都城市战略定位、加快建设国际一流的和谐宜居之都提供坚实的安全保障。

（二）基本原则

1. 注重改进完善，坚持创新性。充分发挥政治优势、制度优势和组织优势，学习借鉴国内外应急管理工作有益经验，运用新理念、新机制、新技术，努力破解制约应急体系发展的体制性、机制性和基础

性等关键问题。

2. 注重统筹规划，坚持综合性。重点加强应急体系薄弱环节和优先发展能力建设，既要增强快速反应能力，又要提高风险管理和应急准备能力。统筹做好与市级相关专项应急规划的衔接，有针对性地解决跨部门、跨区域的共性问题和全局性问题。

3. 注重科学应对，坚持合法性。尊重自然、尊重客观规律，更加注重科学应急、依法应急，进一步健全应急管理配套地方法规体系、标准体系和制度体系，使应急体系建设和发展工作始终在科学和法制轨道上运行。

4. 注重顶层设计，坚持总体性。统筹京津冀应急协同发展需求，对全市各部门、各区及驻京解放军和武警部队的应急队伍、物资、装备、训练基地等各类应急资源进行合理布局，促进各方面资源的有机整合和共享，避免各自为政和重复建设，提升整体应急能力和综合管理水平。统筹做好本市涉外和境外涉及本市的突发事件应对工作，增强境外领事保护能力。

5. 注重各方参与，坚持社会性。在发挥政府主导作用的同时，更加注重把政府管理与社会参与有机结合，充分发挥政策导向和市场机制作用，把基层一线作为公共安全的主战场，调动企事业单位、社会组织和公众等各方力量参与应急体系建设的积极性。

（三）发展目标

着眼于构建保障人民安居乐业、社会安定有序的全方位、立体化的公共安全网，到2020年，基本实现应急体系建设的法治化、规范化、信息化、精细化、社会化等“五化”目标，即应急管理法规基本健全、应急管理制度规范体系初步建立、下一代互联网技术等信息化手段与应急体系进一步融合、应急管理各个环节的精细化管理和服务水平明显提升、社会力量参与风险防范和应急管理的水平显著提高，努力实现本市应急管理工作持续走在全国前列。

1. 应急预案体系建设。全市各级各类应急预案力争完成1次以上修订；应急预案责任单位每年至少开展1次应急演练。

2. 应急保障体系建设。应急队伍每年至少开展2次技能培训、至少组织1次应急演练。救灾物资具备应急保障占本市人口总数1%的受灾群众转移安置所需的能力，保障受灾群众6小时内得到基本救助。各区至少新建1个Ⅰ类地震应急避难场所；每年至少建设或认定1至2处符合相关标准的应急避难场所。

3. 基层应急能力建设。全市试点建设700个社区应急志愿服务站；每个社区（行政村）至少配备1至2名灾害信息员，全市灾害信息员数量达到15000人。

4. 公众应急能力建设。全市注册应急志愿者规模达到本市常住人口规模的2%；每个社区（行政村）每年至少开展4次以上的居民综合防灾减灾宣传教育培训，开展1次火灾或地震等方面的应急避险疏散演练；各级学校每年组织开展2次以上的应急演练，确保每名学生每年接受公共安全与应急知识教育的日常教学和实践活动时间累计不少于8个学时。

四、主要任务

（一）深化应急管理体系建设，提升综合应急能力

1. 创新应急管理体系

统筹规划首都核心区、市行政副中心的应急体系建设，加强顶层

设计，完善空间布局，规划建设北京城市综合应急指挥中心，着力提高全市综合应急能力。加强重点新城、重点功能区域应急体系建设，加大投入力度，完善与调整应急救援队伍布局、增加应急救援物资和装备，全面提升区域应急响应能力。健全重大国事活动常态化运行应急服务保障机制。鼓励借鉴西城区、海淀区等区应急管理平战结合的工作经验，创新区域应急管理模式。

2. 推进应急管理法治体系建设

坚持法治思维，严格依法依规开展突发事件应急准备、应急处置和善后恢复工作，提升应急管理法治化水平。深入贯彻落实《北京市实施〈中华人民共和国突发事件应对法〉办法》，推动制定、修订相关领域法规，进一步明确现场指挥部和指挥员的权限与职责、社会组织和公众参与突发事件应对的权利与义务、社会车辆占用应急通道和应急车道的法律责任、企事业单位传播突发事件预警信息的社会责任等。广泛开展应急法治宣传普及活动，教育引导公众依法防灾避险和参与突发事件应对。

3. 推进应急管理标准体系建设

密切跟踪国内外先进标准，研究本市应急标准体系框架和应急标准体系建设指南，及时修订本市现有的应急标准，提升应急管理标准化水平。建立涵盖城市安全运行相关重点领域的应急管理标准体系，提升城市运行监测预警和服务保障能力。继续推进安全生产、公共卫生应急管理地方标准体系建设。修订《应急指挥系统信息化技术要求》等地方标准，研究编制本市应急指挥平台建设、应急演练组织与实施、政府系统值守应急管理、突发事件预警信息发布流程等工作规范。加强应急标准的实施，强化应急疏散和救援等各类公共图形符号、标志标识在人员密集场所的应用。

4. 推进应急管理评估、绩效考核和督查体系建设

加强应急处置与救援评估工作，出台突发事件处置评估指南，加强典型案例剖析和突发事件发生、演化及处置规律研究，及时、全面、科学总结应急处置经验和教训。总结应急管理绩效考评经验，完善应急管理工作绩效考核实施细则，持续改进应急管理工作。出台重特大突发事件处置督查办法，提高应急管理机构的权威性和协调性，规范重特大突发事件处置与善后工作。

5. 强化应急系统自身建设

强化人才队伍建设，创新应急管理培训、交流、考察、锻炼等工作方式，通过采取政府购买服务的方式，加大与高等学校、科研院所、社会培训机构等优质培训资源合作力度。加强国际、国内应急管理与防灾减灾交流合作，积极参加国家行政学院应急管理培训中心等专业机构举办的国际应急管理项目、专业培训及学历教育。建设本市领导干部应急管理培训中心，开发应急处置情景模拟互动教学课件，组织编写适用不同岗位领导干部与应急管理工作人员需要的培训教材。各区政府应持续举办领导干部应急管理专题研讨班、应急系统管理干部实务培训班，将志愿者和社区居委会、村委会工作人员纳入应急培训体系，每年至少举办1期基层应急管理干部培训。统筹拓展现有培训基地功能，组织专业救援力量和应急志愿者开展多灾种、多类别突发事件应对培训。

（二）强化京津冀应急管理合作机制建设，提升跨区域联动能力

1. 健全京津冀突发事件协同应对和联合指挥机制

结合京津冀三省市突发事件特点，联合编制相关应急预案，明确任务分工和工作职责，完善协同应对和联合指挥机制，优化细化处置工作流程，共同做好突发事件预防和处置工作。京津冀三省市原则上每年举办1次跨区域综合应急演练，以完善指挥机制和处置程序，提高快速反应能力。研究北京2022年冬奥会和冬残奥会京津冀联合应急指挥、风险控制与防范等工作机制。

2. 健全京津冀应急资源合作共享机制

加强京津冀三省市风险隐患和应急队伍、物资、避难场所及专家等各类信息的共享，逐步实现数据管理系统的对接，保障三地协同处置突发事件。充分发挥京津冀产业优势，加强应急产业项目开发，提高区域公共安全科技水平。依托各自优势资源，强化培训工作合作交流，在应急管理干部、应急救援力量知识培训等方面实现合作共享。推进京津冀应急领域标准化工作合作。

3. 健全京津冀应急平台互联互通机制

进一步优化和完善京津冀三省市技术系统对接机制，实现突发事件现场图像信息、应急移动指挥和应急资源数据库等方面的互联互通，提升应急资源调配能力和响应效率，为突发事件应对工作提供有力支撑。积极推进京津冀地震速报预警系统建设，完善三地预警信息发布中心互联互通机制。

（三）强化突发事件风险管理和监测预警体系建设，提升综合防范能力

1. 推进风险管理体系建设

持续推进公共安全各领域和重大活动城市安全风险管理体系建设，完善隐患排查整改工作机制，加强各类风险控制和隐患治理。深化城市安全风险区划研究，编制地质灾害、气象灾害、强降雨、地震、火灾、危险化学品事故等灾害风险区划图及公众避险转移路线图，有针对性地制定应急预案，完善防灾减灾应急措施。健全并落实社会稳定风险评估机制，进一步完善群体性事件预防处置机制。

2. 完善各类突发事件监测体系

优化城市综合气象观测网点布局，加强大气立体监测，强化分区域、分时段、分强度的监测能力，进一步提高气象预报的准确率。利用大数据、物联网等技术手段，建设各类突发事件监测系统，加强人员密集场所客流量监测，强化水、电、气、热、交通等城市运行数据监测，提升城市运行安全预警能力。不断强化检验检疫机构在机场、火车站和公路运输场站防控输入性新发或烈性传染病疫情的监测能力，完善地方与口岸联防联控机制，实现地方与口岸疫情疫病信息的快速传递和交流反馈。强化央地间、军地间及与周边省区市间的监测信息共享和研判。

3. 加强预警能力建设

研究制定预警中心建设标准，全面完成市预警信息发布中心和区预警分中心建设，实现分区预警。建设预警信息发布、传输、播报

“一键式”工作平台，不断拓宽预警信息发布渠道，提高发布质量和效能。研究推进本市应急广播系统建设，统筹推进“村村响”、人员密集的城市广场与重点街区广播、社区预警信息发布工程建设，强化基层预警信息传播能力，不断扩大预警信息覆盖面，确保预警信息发布“最后一公里”快捷有效。创新推进预警信息服务能力建设，形成多语种、分灾种、分区域、分人群的个性化定制预警信息服务，完善各类预警信息数据库，提高预警信息发布的针对性和时效性。

（四）强化应急指挥体系建设，提升现场处置和救援能力

1. 强化应急决策和集中指挥机制

进一步完善市应急委决策机制，充分发挥专家顾问的辅助决策作用，积极利用前沿技术和理论加大决策支撑力度。完善市级专项指挥部组织机构和职能，进一步建立健全定期会商和协调联动机制。强化各级应急管理机构的统筹调度职能，提升统一指挥和协调处置水平。

2. 强化信息报送工作机制

增强突发事件信息报送的时效性、规范性，加强初报、续报、核报和终报的全过程报送工作，完善部门和属地政府之间的信息通报机制，为处置各类突发事件做好信息保障。加强对全市突发事件、城市运行安全、社会舆情动态等方面信息的收集、研判、采编及报送工作，进一步提高向国务院应急办报送信息的数量和质量。健全基层信息报告网络建设，结合灾害信息员队伍完善基层应急信息报告员制度，建立社会公众报告、举报奖励制度。

3. 强化现场指挥协调机制

建立分级分类突发事件现场指挥机构组建和升级机制，细化各单

位责任分工和工作流程，进一步明晰现场指挥权、行政协调权划分及指挥权交接的方式和程序。加强现场指挥人员的培训。进一步加强突发事件现场管理，完善和推广突发事件现场标识应用，强化现场处置统筹协调，实现高效有序协同处置。

4. 强化应急通行保障机制

进一步强化突发事件现场及周边道路交通组织能力，加强应急车道管理，完善管控措施，确保快速到达突发事件现场。各专业应急部门与交通、交管、民航等部门建立信息通报和联合处置机制。强化应急运输保障，健全绿色通道制度，进一步完善交通战备保障与常态交通运行、应急交通保障的统筹协调机制。

5. 强化应急通信保障机制

依托公共通信网、政务专网，充分利用卫星网、微波等传输手段，保障突发事件现场与应急指挥中心通信畅通，提高突发事件现场图像采集和快速、安全传输能力。积极推广北斗卫星系统在突发事件处置中的应用。推进无线政务专网建设，并在轨道交通突发事件应急处置等领域开展推广应用。建立健全突发网络安全事件应急机制。

6. 强化新闻发布与舆情响应机制

完善突发事件新闻发布机制，及时准确报道重大突发事件应对情况。加强对应急管理重要工作的深度报道与政策解读，积极开展突发事件应对新闻发言人培训。加强与媒体合作，完善社会舆论、媒体报道以及微博、微信等网络舆情的收集、监测、研判和应对工作机制，完善本市突发事件网络信息监测系统，提高突发事件信息获取、新闻发布与舆情引导能力。

7. 强化空中救援应急机制

积极整合空中救援力量，推动无人机、飞艇等新技术的应用，完善警用、消防救援、卫生急救、红十字急救等空中救援指挥调度和综合保障机制，扩展突发事件应对范围。加大通用航空基础设施建设力度，科学设立起降点，支持政府航空队基地和临时起降点建设。充分利用部队和民航空中救援资源，研究建立空地应急指挥调度机制，完善协调联动机制，提高快速响应和联合处置能力。

8. 强化军地协同应急机制

充分发挥驻京解放军、武警部队、民兵和预备役队伍的优势，优化应急力量结构，进一步整合利用军地资源，推动国防动员机制与应急管理机制、部队指挥机制有机衔接。强化我市对部队所属应急队伍保障的长效机制建设，配齐装备器材。完善军地协同应对突发事件的工作机制，提高本市专业队伍与部队所属地震、森林防火、防汛、核生化等应急队伍之间的联合指挥和协同处置能力。

（五）强化应急保障体系建设，提升应急准备能力

1. 统筹和深化应急预案体系建设管理

强化应急预案分级分类管理，优化应急预案的框架和要素组成，推进应急响应措施流程化，进一步增强应急预案的针对性、可操作性，完善应急预案体系的交互性、衔接性，全市各级各类应急预案力争完成 1 次以上修订。完善应急演练制度，严格落实年度应急演练工作规划，应急预案责任单位每年至少开展 1 次应急演练。强化演练评估和考核，提倡无脚本“双盲”演练，切实提高实战能力。

2. 统筹和深化应急救援队伍建设管理

加强应急队伍标准化建设，制定综合应急队伍、市级专业应急队伍的建设标准，实现队伍驻地办公、装备配置、快速反应、内部管理、培训演练的定量考核。统筹考虑各领域应急队伍在人员、物资、资金等方面的需求，进一步整合现有应急救援力量，合理推进应急队伍一专多能建设，优化专业应急救援队伍的规模和布局，提升应急救援的效率。加强各类队伍建设经费保障，建立应急人员意外伤害保险、高风险作业补助、心理干预等机制。完善应急队伍、装备和物资数据管理系统，实现数据动态更新和资源共享。推动武警北京市总队综合性训练基地、公安消防培训基地等应急队伍救援训练基地建设，有针对性编制队伍训练大纲，组织各类应急队伍进行技能培训。依托重点石化企业建设专业队伍救援基地，承担和服务区域内重特大、复杂危险化学品事故灾难应急救援及实训演练任务，逐步建成国家级危险化学品应急救援基地。

加强市级专业应急队伍大型装备建设，按照市级专业应急队伍装备配置标准完成各类装备配置，并根据需要加大专业处置救援的大型装备配置，重点支持配备应急通信技术和产品、空地联动指挥调度平台、智能化和模块化中型高机动应急救援成套化设备、智能化生命搜救产品、移动医院、手术一体化方舱、可穿戴救援设备、消防直升机，以及危险化学品事故处置、溢油处置、航空应急救援、城市轨道交通救援、地下管线抢修、排爆机器人、医疗防护服等专业处置装备。

3. 统筹和深化应急物资储备及管理

加强全市应急物资建设统筹和综合管理力度，优化结构布局，充分利用市场资源，建立健全多种储备方式。逐步完善救灾物资、生活必需品、药品、防汛和能源类应急物资的储备、调拨和紧急配送机制，实现政府储备、社会储备和家庭储备的有机结合。建立健全应急物资经费保障多元化工作机制，形成政府投入、单位自筹、社会捐赠相结合的经费保障方式。建设应急物资采购保障平台，将应急产品纳入政府采购目录。出台市、区、街道、社区、家庭五级救灾物资储备目录，加快建设市级救灾物资储备库，实现全市救灾物资储备满足应急保障本市人口总数1%的能力。建成粮食应急供应保障体系，确保严重自然灾害或紧急状态时的粮食供应。继续推进各类各级应急物资储备库建设。

4. 统筹和深化应急避难场所建设管理

推动市、区应急避难场所专项规划编制，纳入城市建设规划体系。制定应急避难场所建设的规范性文件，进一步完善全市应急避难场所的建设、认定、管理、监督检查和保障工作机制。借鉴地震应急避难场所建设管理模式，市地震、国土、园林绿化、体育、民防、旅游、教育等部门进一步拓展广场、绿地、公园、体育场馆、人防工程、宾馆、学校等公共场所的应急避难功能，推进各级各类应急避难场所建设，并会同各区做好运行维护、管理和保障工作；完善应急避难场所建设标准，健全相关管理制度，及时对符合标准的应急避难场所进行认定，并每2年组织一次核定；制定配套的疏散安置预案，积极开展应急演练。各区“十三五”期间至少新建1个Ⅰ类地震应急避难场所，每年至少建设或认定1至2处符合相关标准的应急避难场所。在西城区、通州区、大兴区试点的基础上，重点推进城六区人员疏散掩蔽标志设置，建立相关标识标牌，实现紧急状态下人员快速疏散掩蔽。

5. 统筹和深化应急资金保障及应急补偿管理

坚持政府投入和市场机制相结合的方式，建立多元化应急资金筹集渠道。逐步加大突发事件预防和应急准备经费的投入力度，建立健全相关资金安排和管理制度。充分发挥市场机制的作用，利用保险方式分散公共安全领域灾害风险和损失。进一步完善各类应急资金的监督和考核机制。继续推进突发事件应急征用补偿、损害赔偿制度建设，细化工作流程和标准。

6. 推进应急产业发展

到2017年，建立1至2个国家级应急产业示范基地，突破一批关键核心技术，培育5个以上国内一流、国际领先的应急产业骨干企业集团和20家以上特色企业，打造一批“北京创造”应急产品，形成具有首都特色的应急产业体系。支持应急救援产业技术创新战略联盟持续发展，制定团体标准，鼓励企业联合高校、科研机构建立产学研协同创新机制，创建一批应急救援创新服务基地。继续推动单位、家庭、个人对应急产品和服务的消费需求。

（六）强化宣教动员体系建设，提升社会应急响应能力

1. 进一步提升公众风险防灾意识和应急技能水平

深入推进安全文化建设，进一步提升公众安全文化素养。加快推进市应急管理科普宣教中心建设，开展突发事件资料采编、公共安全与应急知识科普宣教等工作。建立健全应急管理宣教工作机制，统筹市有关部门宣传教育资源，整合面向基层和公众的应急科普宣教渠道。进一步完善北京应急网，强化突发事件信息公开、公共安全知识科普宣教等功能，打造应急管理综合服务型网络平台。继续加强全市大中小学、幼儿园的应急知识教育普及工作，各级学校每年组织开展2次以上的应急演练，并确保每名学生每年接受公共安全与应急知识教育的日常教学和实践活动时间累计不少于8个学时。积极引导公众做好家庭

应急物资储备和应急避险知识家庭教育。引导企事业单位强化履行应急知识教育培训等社会责任。依托市红十字会应急救护培训体系，在全市范围内继续深入开展应急救护培训，全面提高重点行业、重点部门工作人员避险逃生与应急救护的技能。

2. 健全应急管理社会动员体系

结合扫雪铲冰、森林防火等社会动员试点工作情况，研究制定进一步加强本市应急管理社会动员能力建设的指导意见，动员引导基层自治组织、社会组织、企事业单位及公众，积极参与突发事件应对，全面提升应急管理社会动员能力，逐步形成全社会共同参与应急管理的社会氛围。完善社会团体救灾机制，通过签订“互助协议”等形式，与社会团体建立合作互助关系。建立社会力量参与应急救灾的评价机制。加强本市应急管理机制与国防动员机制的有效衔接，增强应对多种安全威胁的整体合力。

3. 加强应急志愿者队伍建设

完善种类齐全的专业化应急志愿者队伍，制定各灾种应急救援志愿者队伍技术培训和装备标准，健全队伍管理模式和统一调配机制。建立政府投入和社会捐助相结合的资金保障机制，加大政府购买服务力度，提高应急志愿者队伍组织化与专业化水平。积极与党政机关、企事业单位等合作建立应急志愿者后备队伍，鼓励公众加入应急志愿者队伍。依托各部门、各系统的专业救援队伍培训基地，对应急志愿者进行专业化、系统化培训和演练，逐步建立和完善专业应急队伍与应急志愿者队伍信息共享、资源共享、联训联演、联勤联动等常态化工作机制。进一步完善志愿者指挥调度平台，强化全市信息交换服务功能。研究应急志愿者救援过程中的免责、人员抚恤等问题。

（七）强化基层应急体系建设，提升基层应急能力

1. 进一步完善基层应急管理组织体系

进一步健全区级应急管理机构；进一步明确各区专项应急指挥部办公室的应急管理职责，并合理配备与工作任务相适应的人员力量。在街道办事处（乡镇政府）设立或确定应急管理机构，配备专职工作人员，负责辖区内应急管理各项工作。结合网格化社会服务管理工作，创新基层公共安全治理体系，建立以居民（村民）自治为基础的防灾减灾与应急组织，形成应急管理与综治、维稳、安全管理、网格化管理等工作领域的一体化工作格局，进一步夯实应急管理基层基础。分类强化社区（行政村）等基层组织、居民小区物业公司及其他各类社会单位的应急管理责任，明确职责任务清单，切实落实各单位主要负责人对突发事件应对工作的法定责任。

2. 提高基层单位和重点区域的防灾应急能力

推进“安全社区”、“平安社区”、“综合防灾减灾示范社区”、“地震安全示范社区”的创建活动。建成2000个综合防灾减灾示范社区。强化基层应急管理工作统筹力度，整合民防、民政、红十字等部门和单位的场所、设施设备、物资、技术等资源，以做实应急志愿者队伍为抓手，建设700个社区应急志愿服务站，搭建志愿者、服务对象和服务项目对接平台。加强基层应急管理规范化建设，制定地方标准。推动以政府购买服务方式，组织专家与志愿者开展应急管理科普宣教进基层活动。大力推广并建设防震减灾示范学校。健全农村公共安全体系，进一步增强农村预防和处置突发事件的能力。加强企业重大危险源管控和应急管理，企业要依法设置应急管理机构，配备专职或兼职

应急管理人员，配备必要的应急装备和物资，建立专职或兼职应急救援队伍或与邻近专职救援队伍签订救援协议。针对交通枢纽、商业街区等人员密集场所，进一步整合风险管理、安全防控、网格化管理等各类技术与管理系统，落实应急管理组织、预案、工作机制，提升重点区域综合监测、分析和处置能力。

3. 加强基层应急预案编制与演练

强化社区（行政村）、企事业单位等的应急预案、灾害风险图、应急疏散路线图的实用性与可操作性，规范应急疏散程序，实现应急预案全面覆盖。各基层单位要定期组织单位职工、居民村民、学校师生开展参与度高、针对性强、形式多样、简单实用的应急演练，并及时修订相关应急预案。

4. 健全基层应急指挥技术体系

进一步完善各区、街道（乡镇）应急指挥技术功能，依托电子政务网络，将有线通信、无线通信、视频会议、软件应用等系统延伸到有条件的社区（行政村），实现应急技术系统的互联互通。结合基层应急工作需要，推广实用性强的设备设施。增强基层突发事件现场信息采集、报送能力建设。

（八）强化巨灾应对能力建设，提升城市基础设施安全运行水平

1. 提升应对巨灾的能源保障能力

逐步建立多元互补、多方供应、协调发展的优质化能源结构和安全供应体系，提升能源供应结构安全水平。健全热、电、气联合调度

指挥机制，实现极端严寒天气、天然气资源短缺等情况下的全市热、电、气的应急联合调度。提升电力系统抗灾与恢复能力，扩建、新建 2 至 3 个具备大面积停电后能够自恢复供电功能的电厂电源，优化多条“黑启动”路径，提升大面积停电下快速启动能力。提升燃气供应保障能力，加快推进陕京四线和本市天然气外环管网建设工作，进一步增强天然气供应保障能力。推进本市周边液化天然气应急储备设施基地建设。优化完善应急备用热源建设方案，研究保留部分燃煤机组，提升应急供热保障能力。

2. 提升应对巨灾的通信保障能力

提升应急指挥通信设备覆盖率，扩大卫星电话和短波、超短波、微波通信终端部署范围。提高重要网络节点电力自保能力，完成自备应急电源加装改造工作。完善重要业务容灾备份系统，选取抗震级别高的建筑建设覆盖城六区的超级基站，提升通讯网络快速恢复能力。

3. 提升应对巨灾的交通保障能力

完善本市道路桥梁抗震设计标准，制定地下交通抗震设计规范。全面开展对城市主干道、国道、老旧高架桥和立交桥的抗震鉴定，制定实施抗震加固措施，规划建设中心城对外应急疏散救援通道。提升融雪高新技术利用水平，选取高速公路、山区公路的重点路段增设喷洒系统，铺设发热自融雪路面，提升重点路段融雪速度。构建局部地区交通中断（瘫痪）下的社会交通保障机制，研究制定地面交通基础设施损毁后的地下和空中救援通道快速开通办法。完善火车站、机场和高速公路滞留旅客安置疏散工作方案，对具备紧急疏散安置条件的场所进行普查登记并签订应急协议。

4. **健全应对巨灾的善后救助体系**

落实国家有关巨灾保险制度的相关规定，将因发生地震、洪水等自然灾害可能造成的巨大财产损失和严重人员伤亡风险，通过保险方式进行风险分散和经济补偿。研究提出巨灾保险产品具体方案，形成以政府财政、保险资金、巨灾基金为共同支撑的多元化巨灾损失经济补偿模式。加强突发事件损失评估能力建设，完善突发事件损失评估指标体系和标准规范。

5. **提升重要基础设施业务可持续能力**

开展全市重要管网系统抗震性能鉴定和改造加固，推进新建管网系统分区规划，确保震后各自紧急切断和分区恢复。在学校、餐饮企业、商场、医院等人员密集场所推广安装燃气应急切断装置，避免扩大燃气泄漏次生灾害。修订超高层建筑的消防安全标准，研究推进依托避难层的外部紧急疏散设施建设，提升超高层建筑火灾疏散能力。强化流域防洪安全规划落实，推进实施永定河、拒马河等重点流域特大洪涝灾害防御工程。强化重要基础设施和关键资源安全风险评估，制定专项风险治理方案。

6. **进一步深化巨灾情景构建研究工作**

健全巨灾应急指挥体系，针对可能出现的巨灾，研究建立统一应急指挥和责任体系，形成分工明确、高效协同的巨灾应对工作体制机制。研究梳理巨灾应对的重大事项，完善巨灾应对决策机制。选取暴力恐怖袭击和破坏性地震等专题，进一步推进开展巨灾情景构建研究工作，制定巨灾应急预案，实施巨灾应急演练；研究遭受核、生、化、爆等恐怖袭击后的响应策略，提升全社会应对大规模恐怖袭击事件的能力；研究交通和水、电、气、热等重要基础设施遭受破坏性地震后的灾害后果，提升各领域先期响应速度和快速恢复能力。

（九）强化涉外应急体系建设，提升境外安全保障能力

1. 推进涉外突发事件应急体系建设

加大市涉外应急指挥平台软硬件建设力度，健全信息通报、监测预警、赴境外应急处置等工作机制，实现与市值守应急系统的有效对接。统筹整合各相关单位涉外风险隐患信息、事件案例等资源，构建涉外应急信息资源体系。合理配备各区和基层涉外应急工作岗位，夯实基层涉外应急处置力量。组建并依托国际医疗转运队伍，统筹赴境外应急救援队伍建设，并配备涉外应急装备。组建涉外应急志愿者队伍。

2. 建立健全涉外应急机制

出台本市加强境外安全保护工作和“一带一路”建设境外安全保障工作的意见措施。完善本市境外人员和机构安全保护工作联席会议机制，促进境外领事保护工作法治化、规范化。固化并完善境外调研机制，实现与驻外使领馆领事保护工作的有效对接。推进全市涉外应急预案体系建设，建立大型活动涉外应急预案报备制度，推动教育、科技、旅游、劳务、文化、体育领域编制境外领事保护预案。

3. 加强涉外应急宣教体系建设

推进领事保护教育协调调度平台建设，打造国别教育、人员分类教育等教育品牌，提升领事保护教育内容和师资队伍专业化水平。加大涉外应急与领事保护知识及案例宣传力度，实现对本市各类重点赴外人员和境外企业的全覆盖。总结市属企业在境外安全风险防范与处

置经验，开展系列专题培训和境外安全演练，提升在外人员风险意识和应急能力。拓宽宣传渠道，搭建市级涉外应急微信平台，提升信息发布时效性，逐步实现面向公众的互动式宣传教育功能。

（十）强化新技术应用，提升科技支撑能力

1. 全面提升应急管理技术系统支撑水平

依托智慧城市建设，充分利用云计算、物联网、移动互联网、大数据等新技术，创新市级应急指挥平台建设模式，完善各级应急指挥平台功能，提升监测预警与风险识别、信息收集与灾情统计、趋势分析与综合研判、指挥调度与辅助决策、情景模拟与总结评估等技术支撑能力。全面开展市、区两级应急移动政务系统整合应用建设工作，进一步完善应急移动政务系统功能。构建应急处置虚拟仿真培训演练系统。加强应急平台建设和运维标准规范建设。

2. 推动物联网等技术在城市安全运行和应急管理领域的广泛应用

积极推广应急管理物联网示范工程经验成果，继续加强物联网在道路交通、安全生产、城市管网、社会治安等领域的深化应用，推动在环境保护、森林防火、食品药品安全等领域开展示范应用。完善城市安全立体防控网络建设，优化城市重点场所物联网监控设备布局。完善拓展电梯应急处置物联网信息平台，进一步提升电梯安全监管水平和应急救援能力；建立食品药品安全风险监测数据库，健全流通环节食品药品安全电子监管体系；建设危险化学品全生命周期监测管理平台，实现全面监管和监测预警。完善人防工程安全使用监管体系，实施人防工程管理科技创安工程，形成地上地下统一管理、整体联动的安全防控格局。建设基于北斗导航定位系统的生态环境监测平台，

实现对水、大气、森林等各类生态要素的动态监控，提高生态环境综合分析和预测预警能力。

3. 进一步强化应急信息资源整合和共享

依托本市政务大数据应用支撑平台，结合市行政副中心建设，开展应急指挥大数据应用，大力整合重要风险源、重点防护目标、重要基础设施及各类应急资源等基础数据，充分利用交通管理、环境保护、人口管理、市政管理、信息安全等城市运行数据和综合分析成果，建设应急管理领域主题数据库。在市电子政务地图服务系统基础上，建设本市应急管理“一张图”。建立应急数据库建设管理规范，实现基础数据共建共享和动态更新。探索形成数据驱动的管理模式，通过大数据挖掘和综合分析，充分发挥数据的辅助决策作用，推动创新应急管理工作方法。开展京津冀三省市应急管理基础数据深度整合。

五、重点项目

（一）北京城市综合应急指挥中心建设工程

由市政府办公厅牵头，市发展改革委、市经济信息化委、市规划委、市住房城乡建设委、市公安局、市委机要局、市维稳办等部门和单位配合，规划建设北京城市综合应急指挥中心，分别在首都核心区和市行政副中心建成相互依托、异地备份的应急指挥场所，形成“一个中心、两个平台”的综合应急指挥系统格局。指挥中心整合和对接110、119、122、120、999、北京卫戍区、武警北京市总队等指挥平台及12345非紧急救助服务平台、网络舆情监测平台、城市运行监测平台，为市委、市政府和市应急委指挥处置各类重特大突发事件和巨灾，保障重大国事活动，京津冀三省市远程会商、协同应急，以及全市各相关部门联合值守应急等工作提供指挥场所和硬件支撑，实现首都地区应急队伍、物资等资源的统一指挥调度。

（二）京津冀地震速报预警中心建设工程

由市地震局会同天津市、河北省地震局，整合京津冀区域监测资源，建设京津冀地震速报预警中心，建成以测震和强震台站为骨干、地震烈度仪为补充的京津冀区域地震观测网络系统，显著提升全区域地震监测能力和定位精度，实现地震预警、地震超快测报和仪器烈度速报；研制针对新闻、教育、医疗卫生、交通等行业部门的专用预警信息终端；设计通过网络、手机、媒体等方式向社会快速发布预警和震情信息接口，研制为学校、医院等公共场所提供预警信息和灾害显示信息，为城市重要基础设施及重大工程等提供预警控制信号的专用预警信息终端。

由市应急办牵头组织，会同市突发事件预警信息发布中心和各相关专业部门，对接地震专用预警信息平台或专用预警信息终端，快速发布震情和地震预警信息，建设水、电、气、热、轨道交通、通信等城市重要基础设施和关键资源的应急保护系统，实现接到地震预警信息时立即启动安全保护功能。由市经济信息化委牵头，将“北京服务您”客户端和地震专用预警信息接口进行对接，实现震情和地震预警信息快速发布。

（三）社区应急志愿服务站建设工程

由市志愿服务联合会、团市委、各区政府负责，建设基层应急志愿者队伍，配备必要的通信联络、预警信息发布、医疗急救、宣教培训等设施设备，统筹纳入全市应急管理体系，积极发挥应急志愿者防灾减灾、应急宣教作用。

由市应急办、市志愿服务联合会、团市委、市民防局会同市民政局、市社会办、首都精神文明办、市红十字会等单位和各区政府，依托基层应急志愿者队伍，整合各方资源，在街道（乡镇）、社区（行政村）试点建设700个社区应急志愿服务站，用于社区居民应急科普宣教培训和应急志愿者队伍备勤、信息联络、培训交流等工作。

（四）突发事件预警信息发布分中心建设工程

由市预警信息发布中心会同市应急办、市气象局、市相关委办局和各区政府，建设各区预警信息发布分中心工作场所，配备信息网络、异地会商、安全保障等硬件支撑系统；全面对接区属各类预警信息发布责任单位，整合面向公众的各类信息发布资源，完善人员密集场所的应急广播、户外电子显示屏、社区预警信息发布系统，建设区级分中心预警信息发布、传输、播报工作平台，实现与市级预警信息发布平台的衔接；建设面向重点区域、行业及偏远山区的预警信息发布系统，进一步完善市预警信息发布体系。

（五）市领导干部应急管理培训中心建设工程

由市委党校（北京行政学院）负责，市应急办等单位配合，建设本市领导干部应急管理培训中心，完善充实相关基础设施和教学设备，建立应急管理师资库与案例库，开发具有联通互动、实时观摩、模拟推演等功能的应急管理培训信息化系统，建成国内一流的应急管理培训基地。

统筹拓展现有市属培训基地功能，补充情景模拟、演练式教学等相关功能，充实师资力量，构建多灾种、多类别的应急管理工作者、专业救援力量和应急志愿者救援处置等培训系统。

（六）巨灾应急通信保障能力建设工程

由市经济信息化委牵头，建设有线政务专网核心层主机房和800兆无线政务网核心层主机房，配备多路外部供电和备用柴油发电机及冗余不间断电源等设施，具备承重和抗震能力，满足巨灾条件下有线政务专网自主供电能力不低于72小时、800兆无线政务网持续供电能力不低于8小时，确保通信核心系统和重要数据安全；为有线政务专网、800兆无线政务网配备应急移动基站车、通信基站集装箱，研发配备核心网应急车和核心网通信集装箱，集成核心交换设备、骨干网络设备、服务器、应急电源等设备。为有线政务专网组建北斗和GPS双授时系统，避免巨灾发生后因单一授时系统故障导致通信网络瘫痪；组建采用光纤与卫星双传输链路的超级基站，确保光缆通信中断后能够自动切换至卫星通信。

六、保障措施

（一）加强应急管理组织领导

修订完善《市应急委工作规则》，进一步明确市应急委与专项应急指挥部之间的关系和权限，进一步强化市应急委的统筹决策职能和专项应急指挥部的指挥协调职责。强化分工协作，加强各级应急管理领导机构、办事机构、工作机构及专家组的建设，完善相关部门“三定”方案中的应急管理职责，明确市、区、街道（乡镇）应急机构的职责定位，做到职责清、层级明、效率高。

（二）加大政策支持力度

推动出台对受突发事件影响较大的地区和行业给予贷款贴息、财政补助等支持政策，研究探索促进应急产业健康快速发展的相关优惠政策，研究完善鼓励自然人、法人或其他组织参与应对突发事件捐赠、进行志愿服务的政策措施，研究鼓励家庭购买应急产品和储备应急物资的管理办法，制定鼓励企业、社会组织和个人共享应急物资储备的管理办法。

（三）加大资金投入力度

加强应急管理财政支出相关政策研究，编制突发事件财政应急保障预案，充分利用政府购买服务方式，完善政府、企业、社会各方资金相结合的应急资金保障机制，提高应急资金管理的精细化、科学化水平。调整应急管理财政支出重心，加大预防性财政支出。加强应急管理公共产品和服务的投入，保障本规划中的主要任务和重点项目的经费需求。鼓励金融业对应急管理工作给予支持，开辟多元化筹资渠道。

（四）加强应急管理理论问题研究

开展突发事件发生规律、巨灾发生发展机理、前沿技术应用等应急管理重大理论和实践问题研究，及时研究应急事业发展中出现的新情况、新问题，为新形势下应急事业发展提供理论支持和实践指导。加强应急管理智库建设，与高等院校、科研院所合作建立若干个应急管理研究基地，集聚科研人才，强化智力支持，促进应急系统整体工作水平的提升。

（五）强化规划贯彻落实

本规划是统筹和指导全市应急体系建设和发展的专项规划。各区政府、市各有关部门要组织编制本地区、本部门的应急体系发展规划或实施方案，统筹做好主要任务和重点项目的前期工作及进度安排，明确实施责任主体、责任人和保障措施，确保按计划逐年有序推进和实施。由市发展改革委牵头，做好重点项目的立项审批工作。由市应急办牵头，建立完善规划实施评估制度，分阶段对规划进展和落实情况进行考核评估，对发现的问题及时提出对策建议。各区政府、市各有关部门要建立完善应急体系重点项目建设管理机制，完善设施、队伍、平台等建成后的日常运维保障机制，确保规划建设目标、任务和重点项目全面按时完成。